공학교육을 위한 팀워크 guidebook

안용식　김수용　문명준　김영학　채영희　강승희

제이앤씨
Publishing Corporation

▌목차 ▌ 공학교육을 위한 팀워크 guidebook

제5장 **설계과목에서의 강의지침** / 85

▌ 머리말 ▌ 공학교육을 위한 팀워크 guidebook

　최근 국내의 대학에서는 연구뿐만 아니라 교육에 대한 관심이 고조되고 있다. 특히 공과대학에서는 공학교육인증을 받기를 희망하는 학교 및 학과(전공)가 증가함에 따라 공과대학을 졸업하는 학생들이 우수한 엔지니어가 될 수 있도록 교육과정 및 교육환경을 지속적으로 개선하는 등 공학교육을 혁신하고자 하는 노력들이 많이 나타나고 있다.

　지식기반사회인 현 시대가 공학도에게 요구하는 능력은 많다. 공학교육인증제도에서는 공학도들에게 필요한 능력을 10여 가지의 학습성과로 정하고 이러한 것들을 대학교육을 통해 달성할 것을 요구하고 있다. 이와 같은 학습성과 중 한 가지는 바로 팀워크 능력이며, 이 능력에는 복합학제적 팀의 한 구성원으로서 역할을 해낼 수 있는 능력과 소집단의 일원으로 팀을 지도할 수 있는 리더십을 포함하여, 어떤 프로젝트를 수행함에 있어서 서로 협동하여 문제를 해결할 수 있는 능력 및 세계문화를 이해하고 국제적으로 협동할 수 있는 능력 등이 포함될 수 있다.

　이러한 팀워크 능력은 공공기관 및 기업에서도 중요하게 생각하고 있는 능력으로, 최근의 강도 높은 변화에 유연하게 대처할 수 있도록 조직을 혁신하는 과정에서 기관 및 기업에서 팀워크를 도입하는 사례가 증가하고 있다. 팀워크에 대한 그간의 연구에 의하면 팀을 조직하고 활동함으로써 구성원들은 팀작업에 의하여 개인적인 작업성과를 산술적으로 합친 것보다 훨씬 높은 성과를 나타내고 있다. 이처럼 팀워크 능력은 우수한 엔지니어에게 필수불가결한 능력인 것이다.

따라서 공학교육에서 팀워크는 반드시 배워야 하는 기술이라고 볼 수 있다. 교육에 있어서의 팀워크는 다양한 교수-학습 방법 중의 하나로서 여러 전공 영역의 목적에 맞게 활용될 수 있는 매우 흥미롭고도 도전적이며 역동적인 수업 방법이며, 팀워크 능력은 교육을 통해 발달시킬 수 있는 것으로 알려져 있다.

이 책은 공학도들에게 필요한 팀워크를 어떻게 교육시켜야 할지에 대한 구체적인 강의 지침을 마련하고자 기획되었다. 공학, 문학, 교육학을 전공한 저자들이 팀을 이루어, 학제간의 팀워크를 몸소 실천해 보고자 하였다. 팀에 대한 책은 팀 작업을 통해 하는 것이 보다 큰 의의가 있을 것이라 생각하였기 때문에 조심스럽게 팀을 구성하였고, 그에 대한 작업을 진행하였다.

많은 책의 서문에 나와 있는 상투적인 말이지만, 처음 팀 작업을 시작할 때만 해도 무언가 거창한(?) 결과를 반드시 발표하리라 생각했었다. 그러나 바쁜 와중에 새로운 영역을 공부해 나가면서 해가는 작업의 한계 때문인지 처음 기대보다는 부족한 결과가 나온 것이 아닌가 하는 아쉬움이 마무리에 남는다. 아마도 이러한 아쉬움이 또 다른 동기가 되어 우리 팀의 팀 작업을 지속하게 하는 원동력으로 변할 것이라는 생각이 든다.

이 책은 크게 두 부분으로 구성되어 있다. 한 부분은 팀워크에 관한 기본적인 이해의 내용이고, 또 다른 한 부분은 실제 수업 장면에서 팀워크의 방법을 어떻게 활용할 수 있는지에 관한 실제적인 지침을 담은 내용이다. 실제 수업의 부분은 공학인증의 교육요소에 반드시 포함되어야 하는 기본소양, MSC, 공학설계의 부분으로 구성되어 있으며, 각 영역을 대표하여 한 과목 내지 두 과목의 강의 지침을 내용으로 구성하였다.

학생뿐만 아니라 가르치는 교수들도 팀워크를 어떻게 가르칠 것인가를 배워야 하며, 학생들도 팀워크에서 어떻게 활동할 것인가를 배워야 한다. 그렇기 때문에 이 책은 가르치는 사람이나 배우는 학생 모두에게 유용할 것이라 생각하며, 교수나 학생들은 효과적인 팀워크 수업이 진행되는 방식을 익혀 팀워크 정신배양을 위한 교육효과를 극대화시킬 수 있기를 기대해본다.

마지막으로 이 책을 작성하는데 직접적으로 도움을 주고 지원해준 한국공학교육연구센터의 관계자 여러분께 감사드린다.

2007년 5월
저자일동

공학교육을 위한 팀워크 guidebook

제 1 장
팀워크의 이해

1. 팀워크의 정의

미국 NBA의 우승신화를 이끌었던 시카고 불스의 전 감독 필 잭슨은 다음과 같이 말하였다. "좋은 팀이란 멤버들이 서로 신뢰하고 "나"를 죽이며 "우리"를 내세울 때만 위대한 팀이 된다."

팀이란 특정 업무를 함께 추진하면서 서로 의존하는 개인의 집합을 말한다. 함께 일하거나 가까이 있는 사람이 모두가 팀은 아니며, 팀이란 정보, 자원, 기술 측면에서 상호 의존적이며, 공동의 목표 달성을 위해 서로의 노력을 합해 보려는 사람들의 집단이다 (Sundstrom, DeMeuse & Futrell, 1990).

일반적으로 팀(Team)은 다섯가지 핵심적인 특징을 지닌다(Alderfer, 1977; Hackman, 1990).

첫째, 팀은 공동 목표를 달성하기 위해 존재한다. 즉 팀을 구성하기 위해서는 해야 할 일이 있어야 한다.

둘째, 이러한 공동 목표를 달성하기 위해 팀 구성원들을 서로 의존하여야 한다. 즉 팀은 상호의존성이라는 특성을 지니는데, 이는 팀원이 혼자서는 목표를 달성할 수 없고, 그 대신 공동 목표의 달성을 위해 서로에게 의존해야 한다는 것을 의미한다.

셋째, 팀 간에는 구성원의 구분이 가능하며, 팀은 안정적인 특성을 지닌다. 이것은 팀의 경계구분성이라 볼 수 있는데, 즉 다른 팀의 구성원과 구별되는 멤버십을 지니고 있음을 의미한다.

넷째, 팀 구성원에게는 자신의 작업과 내부 처리 과정을 다룰 권위가 주어진다. 팀 내의 구성원은 작업 수행 방법을 어느 정도 결정할 수 있어야 한다는 것이다.

다섯째, 팀은 사회 시스템이라는 환경 속에서 운영된다. 팀은 개인적인 작업을 하는 것이 아니라, 커다란 조직 내에서 다른 팀과 나란히 일하는 경우가 많다는 것이다.

2. 공학에서 팀워크의 필요성

팀워크는 동시공학(Concurrent Engineering, CE)의 중요한 구성요소 중 하나이다. 산업체에서 많은 부서의 사람들은 수요자의 필요와 요구를 반영하는 부분을 보장하기 위한 생산품을 만들어 내기 위해 협동하여 일을 한다. 동시공학의 중요성이 부각된 이후 생산품 개발을 위하여 한 조직체의 모든 분야는 각자에게 주어진 업무만을 수행하는 것으로 끝나지 않으며, 서로 협력하여 일을 해야 한다. 즉 효과적인 팀워크는 직접적인 업무의 분배와 각각의 할당업무 분야에서 팀원들이 일에만 충실하는 것이 아니라 아이디어와 목표를 서로 공유하는 것을 의미한다.

동시공학이 성공하기 위해서는 기술적인 능력과 창의력 등의 전통적인 특성과 함께 팀워크와 공유(sharing)하는 능력에도 높은 가치를 주어야 한다. 또한 팀워크와의 공유(sharing)가 공학의 수행평가에서 필수적인 부분이 되어야 한다.

프로젝트관리와 팀워크는 공학의 중심이다. 프로젝트를 구성하고 관리하는 방법과 프로젝트 팀에서 효과적으로 참여하는 법을 배우는 것이야말로 많은 그룹 프로젝트가 있는 공과대학에서 먼저 학습되어야 하고 이러한 팀워크 학습 방법은 직업 엔지니어로서의 성공에 중요한 역할을 할 것이다.

3. 효율적인 팀의 전형적인 특성

팀워크의 성공여부는 팀이 어떻게 구성되어 있는가에 달려있다. 효율적으로 팀을 구성할 경우, 팀워크의 성공 가능성을 높일 수 있다. 아래에 효율적인 팀의 전형적인 특성이 제시되어 있다.

① 적극적인 참여정신

② 서로의 존경심

③ 주의 깊은 청취력

④ 지도자의 리더쉽

⑤ 갈등의 구조적인 관리

⑥ 재미와 즐거움

⑦ 공통된 목표

⑧ 목적의식

⑨ 좋은 미팅을 위한 환경

⑩ 우수한 맨파워

⑪ 멤버들의 책임의식

⑫ 효율적인 의사결정

4. 효율적인 팀을 만들기 위한 기준

효율적인 팀을 만들기 위해서는 몇 가지 기준이 필요한데, 첫째, 목표에 관한 기준, 둘째, 책임에 관한 기준, 셋째, 크기에 관한 기준, 넷째, 의사전달에 관한 기준, 다섯째, 팀 정체성의 기준, 여섯째, 다양성의 기준 등으로 구분될 수 있다.

1) 목표

① 팀의 과제 및 목표는 확실히 정해져야 한다.

② 목표는 팀에 활기를 주어야 하며 도전적이고 중요해야 한다.

③ 달성목표는 팀의 업무를 다른 팀과 구분되기 위해 차별화되어야 한다.

④ 목표는 분명하고 측정될 수 있는 결과를 가져올 수 있어야 한다.

⑤ 명시된 업무는 완성될 필요가 있는 것이어야 하고, 팀 멤버들은 그 과정에 처음부터 끝까지 참여해야 한다.

2) 책임

팀원들은 그들의 목표를 달성하기 위해 위임된 책임을 가지고 있어야 한다. 이것은 그런 결과를 성취하는 방법을 계획하는 것에 대한 책임을 포함한다. 팀은 그들의 목적을 만들고 그것을 성취하기 위해 전략을 고르고 그들의 일하는 방법을 정하고 그들이 발전시키는 혁신을 행하기 위한 권한을 가지고 있어야 한다.

3) 크기

업무를 효율적으로 수행하기 위하여 팀에는 최소한의 인원만이 있어야 한다. 하지만 업무의 본질에 따라 최적의 크기가 필요할 수도 있다. 예를 들면 결정을 내리는 팀은 5명에서 8명의 멤버로 이루어지는 것이 업무를 수행하기가 더 유리할 것으로 보인다. 일반적으로 팀은 10명에서 12명 이상일 때 효율성이 떨어지고, 3명 이하인 경우 업무를 수행함에 있어서 부족함을 느낀다. 팀이 커질수록 협력적으로 조화하기 힘들어진다.

4) 의사전달

팀을 만들 때는 실질적인 지리적 장소의 문제를 고려해보는 것이 중요하다. 통신과 미팅에 지리적인 제한(분리된 장소를 가진 조직)으로 팀이 효율적으로 일하는 것을 힘들게 할 수 있다. 최근 기술문명의 발달로 인하여 예전에 전통적으로 이루어지던 면대면의 미팅 이외에도 E-mail, 인터넷카페 및 기타 홈페이지를 활용하는 토론 및 의견교환, 문자메시지의 활용 등이 있으나 대면 미팅은 많은 정보를 주고 상호적인 통신의 가능성을 줄 뿐만 아니라 서로의 감정을 직접적으로 느끼고 공유할 수 있기 때문에 아직까지는 가장 효율적인 상호 통신 수단이다. 따라서 방학 중이거나 혹은 서로 미팅을 하기 어려운 환경에 처하지 않는다면 대면 미팅을 자주 가질 것이 장려된다. 미팅이 실패하는 데에는 아래와 같은 요인이 있다.

① 목적이 불명확함

② 참가자들의 준비가 미흡

③ 중요인물들이 불참

④ 초점과 방향을 벗어난 대화

⑤ 논의하지 않고 자신의 주장을 강요하거나 무관심함

⑥ 미팅에서 내려진 결정이 수행되지 않음

이 밖에도 Boeing Airplane Group에서 대면미팅을 성공적으로 이끌기 위하여 채택하고 있는 협력의 규칙을 참고할 수 있다.

① 모든 회원은 팀의 진행과 성공에 책임이 있다.

② 모든 팀 회의에 참석하라 그리고 시간을 지켜라.

③ 미리 준비해 와라.

④ 계획대로 숙제를 해라

⑤ 다른 회원들의 말을 잘 듣고, 그들의 기여에 대해 존경을 표하라, 행동하는 청취자가 되라

⑥ 사람이 아니라 아이디어를 건설적으로 비판하라.

⑦ 논쟁을 건설적으로 해결하라

⑧ 관심을 기울여라, 파괴적인 행동을 피하라.

⑨ 파괴적이고 지엽적인 대화를 피하라.

⑩ 한 번에 한 사람씩 말하라.

⑪ 모든 사람이 참석하라, 누구도 우위에 서지 말라.

⑫ 간결하게 하라, 긴 일화 및 예를 피하라.

⑬ 클래스에서 지위를 없애라

⑭ 참석하지 않는 사람을 존중하라.

⑮ 당신이 이해할 수 없을 때 질문을 하라.

⑯ 항상 당신의 개인적인 편안함에 주위를 기울여라 하지만 팀의 파괴를 최소화 하라.

⑰ 흥미를 가져라.

5) 팀의 정체성

확실한 업무의 목표는 팀의 정체성을 결정한다. 이 정체성은 팀 명칭을 특색있게 정한다든지 함으로써 증대되거나 구체화된다. 예를 들면 팀의 명칭을 각자의 개성 또는 목표에 맞게 정한다든지 하는 것이다. 최종적으로 정체성은 성취된 수행, 발전된 규범 그리고 총체적인 활동에 있는 팀 멤버들에 의해 양성된 문화에서부터 파생될 것이다.

6) 다양성

혁신을 일으키기 위해서는 충분한 차별성이 있는 - 남·여, 복학생 재학생 출신학교, 출신지역 등 - 팀 멤버들로서 팀을 구성하는 것이 중요하다. 그러나 멤버들의 특성 및 의견이 너무 많은 차이가 있을 경우, 멤버들이 같이 일하기를 동의하지 않을 수가 있고,

어떤 경우에는 팀의 장기적인 영속성이 위협받을 수 있다.

위에서 언급한 것들과 같은 내용들을 참조하여 팀을 구성하고 팀프로젝트를 진행하며 협력을 위한 일치된 규칙을 가지면 팀이 목표를 향해 효과적으로 나아가는 것을 돕게 될 것이다. 그러나 만약 그룹회원들이 필요한 대화, 신뢰, 충성심, 조직, 지도력, 의사결정절차 그리고 논쟁조정기술을 개발하지 않았다면, 그 그룹은 싸우기 쉽고 혹은 적어도 그들의 능력만큼 업무를 수행하지 못할 것이다. 팀이 이러한 규칙을 개발할 수 있는 유일한 방법은 아래의 사항을 포함하는 팀 헌장을 만드는 것이다. 물론 이 팀헌장은 팀멤버들의 합의에 의해 완성되어야 할 것이다.

① 팀명, 멤버쉽, 역할
② 팀의 임무에 대한 언급
③ 기대되는 결과(목표)
④ 전략적 세부 목적들
⑤ 기본 규칙 혹은 팀 참여를 위한 지침 원칙
⑥ 공유된 기대치 혹은 포부

제 2 장
팀워크 수행능력향상을 위한
교육목표와 교수모형

1. 교과 공통 교육목표

① 팀워크를 통해 다양한 배경의 사람과 팀을 이루어 과제를
   수행하는 능력을 기른다.

② 팀워크를 통해 문제를 논리적으로 해결하고 창의성을 갖춘
   인재를 육성한다.

③ 팀워크 과제 수행능력을 배양하여 공학 지식을 기업이나 기
   획자에게 효과적으로 전달할 수 있도록 한다.

④ 팀워크 작업을 통한 원만한 인간관계와 리더십을 함양하고
   나아가 공학기술을 사업으로 연계하는 확장된 사고를 가질
   수 있도록 한다.

2. 교과목 주요내용

1) 기초과학지식

공학을 포함한 자연계열의 모든 분야의 학문에 있어서 가장 기초가 되는 것은 수학과 기초과학(Basic Science)이다. 수학(Mathematic)과 기초과학에 충분한 기초가 있어야만, 자연현상에 대해 이해하고, 이를 정량적으로 표현하고, 이러한 지식을 통하여 전문지식에 필요한 기초적인 지식을 습득할 수 있다. 따라서 이러한 기초과학 지식을 팀워크의 방법으로 습득하여 응용할 수 있도록 해야 한다. 공학교육인증에서는 이에 해당하는 과목들을 컴퓨터공학(Computer)을 포함하여 약어로 MSC라고 부른다.

2) 인문학적 소양을 통한 논리적 말하기 글쓰기 능력

현대 민주사회의 구성원이 되기 위한 생산성 있는 토론의 방법을 제시하고 일정한 형식과 절차에 따라 자신의 의사를 관철하는 법을 체득할 수 있도록 지도해야 한다.

3) 프로젝트 수행능력

프로젝트는 기초자료를 만들고 분석하는 일을 하게 하여 연구훈련과 발견학습을 하는데 효과적이다. 따라서 프로젝트 수행능력은 학생들이 스스로 프로젝트의 주제를 정하고, 스스로 자료를 찾으며, 최종 결과물을 발표하며 개인 혹은 팀으로 연구를 수행할 수 있는 능력을 말한다. 프로젝트에 적합한 교수-학습 전략은 학생들에게 학습의 책임을 맡기며, 지도교수의 역할도 가르치는 역할에서 촉진하는 역할로 전환되어야 한다.

3. 우수 학습자 공동체 형성하기

1) 학습모형의 필요성

효과적인 팀워크를 위해 먼저 생각해 보아야 하는 것은 왜 학습모형이 필요한가이다. 이에 대한 대답은 아래의 세 가지로 제시될 수 있다.

첫째, 교수모형은 학습모형이라 할 수 있다. 즉 교수모형의 핵심은 강인한 학습자를 길러 내는 것이어야 한다.

둘째, 교수모형을 선택할 때 고려해야 할 질문은 얼마나 빨리 학습자들이 보다 효과적으로 학습하도록 가르칠 수 있는가 그리고 어느 정도로 강력하게 모든 학습자들이 학습하는 것을 가르칠 수 있는가이다.

셋째, 효과적인 교수의 핵심은 교수를 통해서 학교 차원에서 학생들에게 큰 변화를 가져 올 수 있다는 것으로 그 때 나타나는 변화는 학습공동체를 형성함으로써 이루어질 수 있다. 따라서 교수자는 학습자의 학습을 깊이 있게 연구하고 발달을 촉진하는 학습환경을 조성해야 한다.

2) 팀 수준별 교육적 환경

단계의 특징	최적의 환경
Ⅰ. 극히 고정된 형태의 반응 - 고정관념, 수직적관계, 신념체계에 맞지 않는 것은 거부하거나 왜곡.	지지적이고 구조화되고 잘 통제되면서도 자기 묘사와 교섭이 강조되는 환경이 최적.
Ⅱ. 엄격한 규칙과 신념을 깨뜨림 - 권위와 통제에 적극적 저항, 환경을 이분화, 과제지향	자기 묘사가 시작, 대인관계에서 교섭과 규칙과 개념의 확산적 발달을 강조하는 환경이 필요.
Ⅲ. 다른 사람과의 가벼운 관계 재정립, 다른 사람의 견해 수용, 겉으로 보기에 모순되는 아이디어들을 연결하는 개념을 구성하기 시작.	재정립된 대인관계를 강조하는 환경. 집단 구성원으로서 목표를 향해 나아갈 수 있도록 과제에 비중을 두어야 함.
Ⅳ. 과제 지향과 대인관계의 측면에서 균형된 견해 유지할 수 있음. 새로운 신념체계 구성 가능 - 변화하는 상황과 새로운 정보에 적응	적응 잘하고 상호 의존적이고 정보지향적. 복잡한 환경에서 두각 나타냄.

3) 팀워크 수행에 있어서 교수의 역할

① 구성주의의 관점

구성주의에서 강조하는 주요 학습원리는 첫째, 학습은 자기주도

적이다. 둘째, 인지적 갈등이 학습의 원동력이다. 셋째, 학습은 원래 사회적, 대화적 활동이다. 넷째, 학습은 인지구조의 발전을 지향한다. 다섯째, 학습은 상황에 기초하여 일어난다. 여섯째, 학습은 도구와 상징을 통해 촉진된다(Duffy & Cunningham, 1996)이다. 따라서 구성주의적 관점에서 교수는 학습자를 정보의 재조직자로 생각하여 학습자로 하여금 스스로 지식을 구성할 수 있도록 조력해야 한다.

② 메타인지의 관점

메타인지는 인지에 대한 인지로서 메타인지지식과 메타인지조절이라는 하위영역으로 나뉘어진다. 메타인지지식은 인지에 관한 지식이 장기기억에 저장되어 있는 것으로 자기 및 전략에 대한 지식, 전략을 사용하는 방법에 대한 지식, 그리고 왜 전략을 사용할지에 대한 지식을 말하며(Brown, 1987), 메타인지조절은 자신의 사고나 인지활동 및 정보처리 과정에 대한 계획과 점검 및 평가를 스스로 조절하는 능력을 말한다. 따라서 메타인지의 관점에서 교수의 역할은 교수전략과 그 사용법을 개발하면서 어떻게 학습이 일어나는지를 항상 생각하는 것이며, 자신의 수행을 모니터 하는 것을 말한다.

③ 스케폴딩의 관점

스케폴딩은 교수가 도움을 줄 때 학생들의 요구에 맞게 민감하

게 조절함으로써 학생들의 노력을 지원하는 하나의 체계를 의미한
다. 따라서 스케폴딩의 관점에서 교수의 역할은 학습자들이 어디에
있는지를 알고 그들의 수행을 높이고자 노력하는 것이다.

④ 최적의 불일지의 개념

최적의 불일치라는 것은 공부하는 사람과 공부하는 내용 사이에
너무 큰 불일치나 너무 작은 불일치가 있어도 안 되고 '최적의 불일
치'가 있어야 한다는 Piaget의 주장인데, 무엇을 배울 수 있으려면,
그것이 너무 어렵거나 너무 쉬운 것보다 적당히 알듯 말듯 어려워
야 학문적 탐구심을 유도한다는 것이다. 따라서 최적의 불일치 개
념에서 교수의 역할은 학습자의 발달수준보다 약간 높은 곳에 맞
춤으로써 학습자의 수행을 향상시키기 위한 지침을 제공하는 것
이다.

⑤ 전문가 수행의 개념

전문가 수행의 개념에서 교수의 역할은 우리가 알고 있는 가장
높은 수행수준으로 끌어당김으로써 높은 기대를 설정하는 것이며,
모든 수준에서 전문가 수행을 가르치는 것이다.

4. 팀워크의 조건 및 팀워크 학습의 종류

1) 팀워크의 조건

(1) 동시적 상호작용

학생 모두를 1분씩 발표하게 할 경우 전체가 30명이면 30분이 소요된다. 그러나 두 명씩 짝을 정하여 서로 발표하게 되면 2분이면 모든 사람이 발표하게 되고, 모든 사람이 상대가 발표한 내용을 경청하게 된다. 이것은 동시적 상호작용을 말하는 것으로, 팀워크에서는 모든 학생이 수업에 참여할 수 있도록 하기 위해서 이렇게 짝을 이루어 동시다발적인 구조로 수업을 진행할 수 있다. 이 때 교수자는 어떤 한 순간에 얼마나 많은 학생들이 능동적으로 참여하는가?를 고려하여 수업을 이끌어 나가야 한다.

(2) 긍정적 상호의존

학생들에게 팀의 구성원들이 공동의 운명체이고, 한 학생의 성과가 다른 학생의 성과에 영향을 미칠 수 있다는 점을 인식시킨다. 또한 혼자서는 달성할 수 없는 각자에게 분담된 목표의식은 협동과 또래 가르침, 그리고 상호격려를 유발시키는 강력한 상호의존 의식을 제공한다.

(3) 개인적 책임과 동등한 참여

개인에 대해 구체적인 역할을 제시하고 책임을 물어야 한다. 개인적으로 완성해야할 공적인 임무가 있나?라는 질문에 대해 학생들이 다른 누군가와 자신의 성과를 나눠야 한다고 대답할 수 있다면 그들은 각자 자신의 배운 것에 책임이 있다고 볼 수 있다.

교수자는 학생들이 얼마나 동등하게 모두 참여했는가?를 항상 생각하면서 각각의 학생들에게 동일한 과제를 할당하는 것, 모든 학생들을 동등하게 부르고 학습과제를 구조화해서 모두가 동일한 참여의 시간을 가지게 해야 한다.

2) 팀워크의 종류

(1) 팀별로 점수주기(STAD): 팀성취 분배보상기법
(Student teams achievement division)

이 모형은 Slavin(1990)에 의해 개발된 팀 학습(student team learning)의 형태로서 팀별 경쟁을 통해 학습효과와 학생 참여를 강화하는 교수방법이다. 전체의 학업 성취도는 팀 구성원 각자의 학업 성취도에 의해 영향을 받게 함으로써 팀 구성원간의 협동을 절실히 요하는 학습 형태이다.

STAD는 5 단계로 진행된다. 첫째, 학급 전체에게 학습 과제를 제시한다. 둘째, 주어진 정보를 충분히 이해시키기 위해 동료교사

형태에 의한 분단 학습을 한다. 셋째, 개인별 성취 정도를 측정하기 위해 쪽지 시험(quiz)을 본다. 넷째, 개별 학생의 성취 정도를 점검한다. 대개는 지난 시간의 성취 점수와의 차이를 낸다. 팀 내의 개인별 성취 정도를 평균하여 그 팀의 성취 정도가 결정된다. 다섯째, 가장 높은 성취를 나타낸 팀이 표창을 받는다.

이 모형의 적용을 통해 개별 학습자들의 학업성취도를 높일 수 있으며 학업성취도가 낮은 학습자도 개인점수의 향상을 통해 팀 성적에 기여할 수 있다.

(2) TGT(Teams-games-tournaments; TGT)

이 모형은 STAD와 거의 유사하다. 단지 다른 점이 있다면, STAD에서는 쪽지 시험을 사용했지만, TGT에서는 쪽지 시험 대신 주어진 과제에 대한 지식의 정도를 게임을 통해 알아보는 것이다. 예를 들어, 세 사람씩 앉을 수 있는 긴 테이블 두 개에 6개 분단에서 각각 1명씩 나와 앉아서 게임에 임한다. 각 테이블에서 교사의 질문에 가장 잘 응답한 학생은 3점, 그 다음은 2점, 그리고 맨 마지막은 1점을 받게 되고, 이들은 자기 소속 팀으로 자신의 점수를 가지고 되돌아간다. 가장 높은 점수를 얻은 팀이 승리팀이 되는 것이다. TGT에서 소속 팀 구성원들은 동료 교사 또는 코치 역할을 한다.

(3) Jigsaw I

Jigsaw I 은 Aronson과 그의 동료들(1978)에 의해 개발된 것으로 동료들간에 높은 수준의 상호의존체제를 요구하는 것이다. 예를 들어, 어떤 단원을 공부함에 있어서, 각 개인에게는 그 단원 단지 한 부분에 해당하는 정보나 과제를 제시하여 완전히 습득하게 하면서도 그 단원 전체에 대해 책임을 지게 하는 것이다. 따라서, 학생들은 자기 그룹 내 다른 학생들이 갖고 있는 정보나 자료를 모두 이해해야 한다. 이렇게 하기 위해서는 다음의 두 가지가 선행되어야 한다. 첫째, 각 그룹내의 개인들이 갖고 있는 정보나 과제가 서로 달라야 하고, 둘째, 학생들이 역할 학습을 할 때나 그룹 내에서 문제해결을 하기 위해 생각을 교환할 때, 또 그룹 활동을 준비할 때와 같은 상황에서 충분히 팀웍이나 의사소통 등이 될 수 있도록 연습되어 있어야 한다.

(4) Jigsaw II

Jigsaw II 는 STAD와 Jigsaw I 이 결합된 것으로 Slavin(1980)에 의해 개발되었다. 학생들은 전문가 그룹(expert group)과 학습 팀(learning team)으로 나누어진다. 전문가 그룹에서는 학생들이 어떤 복잡한 내용의 한 측면에 대한 정보를 모으고, 그 영역에 대해 연구를 함으로써 전문가가 된다. 이 전문가는 자기 학습 팀으로 되돌아와서 자기 팀 학생들과 자신의 전문성을 나누어 갖는다. 이와 마찬가지로 다른 학생들도 다른 측면에서 전문가가 되어 자신의 전문성을 자기 팀 학생들과 학습함으로써 결국은 팀 전체가 주어진 내용 전체를 학습하게 된다. 이렇게 되면, 교사는 학급 전체를 대상으로 학습 내용 전체를 평가하게 된다. Jigsaw Ⅰ과 Jigsaw Ⅱ의 차이는 Jigsaw Ⅰ에서는 학습할 내용에 대한 정보를 분할하여 각각 따로 제공했으나, Jigsaw Ⅱ에서는 학습할 내용 전체를 모든 학습자에게 제공하고, 대신 전문가들은 특정 영역에 집중하여 정리하거나 연구하게 하여 전문가를 양성하는 것이다.

Jigsaw Ⅱ는 6 가지 단계로 진행된다.

① 학습 팀 형성 : STAD나 TGT에서처럼 능력이 다양한 학생들로 학습 팀들이 만들어 진다. 각 팀은 4 내지 5명으로 구성된다.
② 전문가 팀 형성 : 각 학습 팀에서 1명씩 나와 새로운 전문가 팀을 형성한다. 이 때, 학습할 과제의 영역에 따라 전문가 팀의 수도 정하여 진다.
③ 자료 제시 및 전문가 양성 : 각 전문가 그룹에게 학습 안내가 주어지고, 그 학습 안내는 학급 전체에게 제시되는 학습 내용 중 특정 영역에 집중할 수 있도록 한다. 학습 자료가 제시되거나 책을 읽는 동안 각 영역의 전문가들은 자신의 영역에 대한 정보를 집중적으로 취재하거나 정리하여 그 영역에 전문가가 된다. 다음 전문가들끼리 모여 자신들이 수집한 정보

를 복습한다.

④ 전문가에 의한 학습 팀의 학습 : 각 영역의 전문가들은 자신
의 본래 학습 팀으로 복귀하여, 주어진 과제에 대한 자신들
이 맡은 영역의 전문성을 나누어 갖는다.

⑤ 평가 및 채점 : 모든 학생들은 주어진 과제의 모든 영역에
대해 시험을 치르게 되고, STAD나 TGT에서처럼 향상된 팀
의 점수를 비교하게 된다.

⑥ 표창 : 학습 팀의 성취도에 따라 팀 구성원 전체에게 표창이
주어진다. 그 표창의 형태는 학급 신문이나 게시판 등에 게
시하거나 학력장 등을 수여하는 것이다.

(5) 그룹 조사(Group investigation)

그룹 조사 방법은 6 단계로 나누어진다(Sharan & Hertz-Lazarowitz,
1980). 첫째, 주제(topic)를 정하고, 학생들을 그들의 관심사에 따
라 해당 주제별로 그룹을 만든다. 둘째, 정해진 주제에 대한 세부
학습 과제(learning task; 앞서 정해진 주제를 대주제라 한다면 그
에 속하는 소주제를 말함)를 설정하여 팀 구성원에게 배당한다. 셋
째, 조사를 실시한다. 학생들은 자료를 수집하고, 이를 정리·해석
하며, 결론을 이끌어 낸다. 넷째, 보고서를 작성한다. 중점적으로
보고할 내용이 무엇인지와 어떻게 일목요연하게 보고할 것인가를
결정해야 한다. 다섯째, 전시(展示), 구두보고, 비디오 상영 등 다
양한 방법으로 조사 내용을 보고한다. 마지막으로 평가를 한다. 교

사는 학생들의 협동이 얼마나 잘 되었는지 뿐만 아니라 얼마나 많은 것을 배웠는지 등을 평가한다.

(6) 과제 나누어 맡기를 통한 협동: 도우미 학습(Co-Op Co-Op)

도우미 학습 형태도 다른 팀워크와 마찬가지로 주어진 학습 과제를 그룹 구성원들이 협동하여 해결하는 것이다(Kagan, 1985). 도우미 학습은 첫째, 주어진 주제나 문제에 대해 관심을 촉진하기 위해 학생들끼리 토론을 시작한다. 둘째, 토론이 끝나면, 능력과 성별 등이 다양한 학생들로 구성된 팀을 구성한다. 셋째, Jigsaw에서처럼 팀 활동이 이루어진다. 각 팀은 단원(unit)의 여러 학습 주제(topic) 중에서 제각기 하나씩을 선택하여 그에 대해 책임을 지고 해결한다. 넷째, 각 팀에서는 먼저 선택한 주제를 작은 단위의 학습 주제(sub-topic)로 나누고, 그룹 구성원들이 분담하여 연구하여서 그 과제에 대한 전문가가 된다. 학생들은 개별적으로 자신들의 주제에 대해 준비한다. 다섯째, 다시 팀으로 복귀하여 팀 전체가 학급에 발표할 내용을 준비한다. 여섯째, 학급 전체 앞에서 각각의 팀들은 발표를 한다. 발표 방법도 팀에 따라 색다르게 할 수 있도록 장려한다. 마지막으로 다각적인 평가가 이루어진다. 먼저, 각 팀의 측면에서 팀내 구성원들의 활동에 대한 평가가 이루어지고, 이어 반 전체적인 측면에서 각 팀들에 대한 평가가 이루어진다. 일반적으로 교사는 팀보다는 각 개인별로 평가를 한다.

5. 창의적 문제 해결을 위한 교수모형

창의적 문제해결을 위해 팀워크를 이용해 볼 수 있다. 이 때 많이 활용할 수 있는 한 가지 교수모형은 바로 시네틱스(synetics)를 활용하는 것이다. 시네틱스의 어원적 의미는 '분명하게 서로 다른 것을 함께 연계시켜 이해하는 것'이다.

시네틱스는 원래 산업체에서 새로운 생산품을 개발하는 책임이 있는 소수 몇 사람들이 집단사고를 통하여 보다 수준 높은 상품을 개발하기 위한 전략으로 사용되었다. 이는 '함께 이해하기'라는 과정을 통하여 새로운 통찰을 창조해내는 집단 창의성 과정으로 사용된 것이다(이성호, 1999).

1) 시네틱스의 가정

시네틱스 이론은 두 가지 기본적인 가정에서 출발한다. 첫째, 자신의 심리적 과정을 이해하면 창의적 효율성을 증가시킬 수 있다. 즉 창의적 활동에 임하는 사람들은 자신들의 심리적 과정을 이해할 필요가 있음을 말한다. 둘째, 창의적 결과를 산출하기 위해서는 정서적이고 비합리적 요소들이 인지적이고 합리적인 요소들보다 더 중요하다. 즉 정서적, 비합리적 요소가 새로운 문제를 정의하고 해결하는데 결정적인 역할을 한다.

2) 시네틱스의 과정

시네틱스에는 기본적으로 두 가지 과정이 있다.

첫째, 낯선 것을 친숙하게 만드는 것이다. 낯선 것을 친숙하게 만들기 위해서 창의적 활동에 참여하는 사람은 문제를 정확히 이해해야 한다. 이를 위해서는 문제를 분석해야 하며 분석은 낯선 것을 친숙한 것으로 전환하게 한다. 하지만 이런 분석 과정을 통하여 낯선 문제를 친숙한 문제로 전환하다 보면 새로운 관점을 갖는 것을 방해할 수도 있다. 그러므로 항상 새로운 관점을 갖도록 노력할 필요가 있다.

둘째, 친숙한 것을 낯설게 만드는 것이다. 친숙한 것을 낯설게 만들기 위해서는 일상의 것을 왜곡하거나 뒤집어 보는 것이 필요하다. 이것은 옛 것, 옛 사람, 낡은 아이디어, 낡은 감정 등을 새로운 시각으로 보려는 의식적 시도를 말할 뿐이며 괴기하고 너무 엉뚱한 것을 추구하는 것을 의미하지는 않는다(김정섭, 강승희, 강순희, 2003).

3) 세 가지 유형의 유추

(1) 직접유추

직접유추는 사실, 지식, 기술을 실제 문제와 비교하는 것을 말한다. 이를 위해 경험과 지식을 탐색하면서 해결할 문제와 유사한 현상을 선택하여 문제와 비교해야 한다. 브루넬(Brunel)은 강바닥

이나 해저에 건축물을 세우는 문제를 좀조개라는 어패류가 목재 선박에 구멍을 뚫는 것에 비교하여 해결하였는데, 이것이 직접 유추를 사용한 좋은 예이다.

시네틱스 집단은 한 개를 뽑아내어도 다음 것이 조금 위로 튀어나와 다음에도 쉽게 사용할 수 있는 어떤 장치를 다양한 상품에 적용할 수 있도록 개발해야 했다. 예를 들면, 티슈 한 장을 뽑으면 다음 장이 입구 밖으로 조금 튀어나와 있는 장치를 개발하는 것이었는데, 시네틱스 집단은 말이 똥을 누는 것에 직접 비교하여 이 문제를 해결하였다(김정섭 외, 2003).

(2) 개인유추

개인유추는 문제 해결자 자신을 문제의 한 요소와 동일시하는 것으로 기존 시각에서 벗어나 문제를 새로운 시각으로 볼 수 있게 해 준다. 즉 문제의 친숙한 부분을 낯설게 만들기 위해서 자신을 문제의 일부로 여기는 것이다. 예를 들어 분자 생물학자가 문제를 낯설게 만들기 위해서 자기 자신을 활동하는 분자의 한 요소로 여길 수 있다. 그는 자신을 하나의 분자로 생각하여 밀고 당기면서 분자의 활동을 상상하고 정확히 이해하려고 노력할 수 있다. 그는 사람이지만 분자처럼 행동해 볼 수 있는 것이다(김정섭 외, 2003). 이러한 개인유추를 사용하는 것은 학습자로 하여금 자신의 의식을 학습하고자 하는 사물 또는 개념에 투사시킴으써 학습자가 단순히 인지적인 것만을 배우도록 하는 것이 아니라 그 학습 대상에 대한 어떤 정서적 이해를 경험하도록 하는 것이다.

개인 유추는 어렵지 않지만 자신의 평상시 모습을 버려야 하기 때문에 초보자에게는 힘들 수도 있다. 그리고 사람들은 대부분 습관적으로 엄격한 통제와 합리적인 것을 추구하려고 하기 때문에 자신을 문제나 사물과 동일시하는 것을 불안해하고 힘들어한다. 김영채(1999)는 개인 유추과정에 관여하는 정신적 수준을 다음의 네 가지로 구분한다.

첫째, 대상의 기본적인 특징을 나열하여 기술하는 것

둘째, 주어진 장면에서 그 대상이 가질 것 같은 정서를 기술하는 것

셋째, 그 대상을 사용할 때 사람들의 느낌을 기술하는 것

넷째, 그 대상이 되었을 때의 느낌이나 행동을 기술하는 것이다.

(3) 상징적 유추 또는 압축된 갈등

상징적 유추는 객관적이고 비개인적인 이미지를 사용하여 문제를 묘사한다는 점에서 개인 유추와 구별된다. 상징적 유추는 시적인 표현과 같다. 즉 개인이 어떤 문제를 관찰할 때 그 기능이나 요소를 압축하여 보는 것이다. 양적 방법으로 문제를 축약하여 보는 것이 상징적 유추의 한 형태이다(김정섭, 강승희, 강순희, 2003). 예컨대 '홀로서 함께', '친숙한 낯선 사람', '잔인한 친절'과 같은 것들이 모두 서로 반대되는, 또는 배치되는 의미를 지닌 두개의 단어가 모여서 하나의 의미를 형성하는 것이다. 이러한 두개의

반대되는 단어의 결합은 심리적 긴장 또는 인지적 갈등을 초래하는 바, 이러한 갈등이 곧 새로운 의미를 창조하는 것이다(이성호, 1999).

(4) 시네틱스 교수법의 절차

① 무언가 새로운 것을 창조하는 전략 6단계

1단계 : 현재 상태의 묘사 - 교수자는 학생들이 보이는 그대로 현재 상황을 묘사하도록 시킨다. 즉 이미 잘 알고 있는 어떤 상황이나 주제를 그들이 지금 이해하고 있는 그대로 기술하도록 한다.

2단계 : 직접적 유추 - 학생들은 직접적 유추 관계를 제안하고, 한 가지를 선택해서 좀 더 심층적으로 탐구한다.

3단계 : 개인적 유추 - 학생들은 2단계에서 선택한 유추가 되어 본다.

4단계 : 압축된 갈등 상황 - 학생들은 2, 3단계에서 나온 설명들을 보고 여러 개의 압축된 갈등상황을 제안할 뒤, 한 가지를 선택한다.

5단계 : 직접적 유추 - 학생들은 압축된 갈등 상황에 기초하여 또 다른 직접적 유추를 생성해 내고 선택한다.

6단계 : 본래 과제 재검토 - 교수자는 학생들로 하여금 본래의 과제 또는 문제로 돌아가, 마지막 유추 그리고/또는 전체적인 창조적 문제 해결법 경험을 사용해 보도록 한다.

② 낯선 것을 친숙하게 만드는 전략 7단계

1단계 : 실제적 투입 - 교수자가 새로운 주제에 대한 정보를 제공
　　　　한다.

2단계 : 직접적 유추 - 교수자가 직접적 유추를 제안하고 학생들로
　　　　하여금 유추를 묘사하도록 한다.

3단계 : 개인적 유추 - 교수자는 학생들이 직접적인 유추가 되도록
　　　　한다.

4단계 : 유추 비교하기 - 학생들은 새로운 요소와 직접적인 유추
　　　　간의 유사성의 중점을 밝혀내고 설명한다.

5단계 : 차이점 설명하기 - 학생들은 어느 부분에서 유추가 맞지
　　　　않는지 설명한다.

6단계 : 탐구 - 학생들은 본래의 주제를 자기 자신의 용어로 다시
　　　　탐구한다.

7단계 : 유추 생성하기 - 학생들은 자기 자신의 직접적 유추를 제공
　　　　하고 유사점과 차이점을 탐구한다.

6. 선행 조직자를 이용한 학습모형

선행조직자는 새로운 정보나 자료를 수용하기 위한 정착초점
(anchoring foci)이다. 달리 말해서 학습자로 하여금 학습하게 될
자료를 그의 인지구조 맥락에 자리매김할 수 있도록 돕는 일종의

도입자료로서 포괄성, 일반성을 지닌 진술문이다.

1) 선행조직자의 활용 목적

학습 과제의 내용을 설명하고, 통합하고, 이전에 이미 학습된 내용과 상호 연관시키고, 기존의 학습 내용으로부터 새로운 것을 구별해 내는 것을 돕는 것이다. 따라서 가장 효과적인 조직자는 이미 학습자들에게 친숙한 개념과 용어, 그리고 가정뿐만 아니라 적절한 그림과 유추들도 사용하는 것이다.

2) 선행조직자의 형태

(1) 설명적 조직자는 학습자에게 전혀 생소한, 학습자가 친숙하지 못한 학습자료를 제시할 때의 선행조직자이다. 설명적 조직자는 학습하게 될 개념보다 높은 수준의 보편성, 일반성을 지니는 개념이다.

(2) 비교적 조직자는 이미 학습자가 어느 정도 친숙함을 느끼고 있는 학습자료를 제시할 때 사용된다.

3) 선행조직자가 갖추어야 할 조건

(1) 선행 조직자는 학습자들이 그것을 인지할 수 있도록 구성되

어야만 한다. 즉 조직자의 아이디어는 학습 과제 자체의 내용과 구분되고 더 포괄적이어야 한다.

(2) 선행 조직자가 설명적이든 개념적이든 개념 또는 명제의 필수적인 특성을 반드시 지적하고 충분히 설명하여야 한다.

(3) 학습과제, 선행 조직자와 관련될 수 있는 학생들의 선수 지식과 경험에 대해 파악해야 한다.

4) 선행조직자 모형의 목적

(1) 교수자들이 많은 양의 정보를 가능한 의미 있게 효율적으로 구조화하여 전달하는 것을 돕는 것이다(교수자 - 학습 내용의 조직자 / 학생 - 아이디어와 정보 숙달하고, 지식을 활동적으로 구성해 나가는 사람).

(2) 학생들의 인지적 구조, 즉 어떤 종류의 지식이 우리 머릿속에 있고, 얼마나 많이 있고, 그리고 얼마나 잘 구조화되어 있는지와 관련한다.

5) 선행조직자 모형의 가정

(1) 유의미하다는 것은 무엇인가? 학습내용을 전달하는 방법보다는 학습자들의 준비 정도와 학습내용의 구조를 중요하게 생각한다.

(2) 수용적 학습은 수동적인가? 적절한 조건만 제공된다면 꼭 그런 것은 아니다. 다른 각도에서 보고, 비슷한 또는 상충되는 정보와 융화시키고, 마침내 그 내용을 자기 자신의 틀과 용어로 옮겨놓음으로써 강의 내용과 자신의 인지적 구조를 연관시킨다.

6) 선행조직자 모형의 구조

1단계 : 선행 조직자의 제시
  - 수업의 목표를 명확히 한다.
  - 조직자를 제시한다.
  - 규정짓는 속성을 확인한다.
  - 예시를 제공한다.
  - 맥락을 제공한다.
  - 반복한다.
  - 학습자의 관련 지식과 경험을 신속하게 인지한다.

2단계 : 학습 과제 뜨는 자료의 제시
         (강의, 토론, 영화, 실험 또는 독서의 형태로 제공)
  - 자료를 제시한다.
  - 주의 집중을 유지한다.
  - 구조를 명시화한다.
  - 학습 자료의 논리적 순서를 명시화한다.

3단계 : 인지적 구조 강화하기

  - 통합적 조정의 원칙을 사용한다.

  - 능동적인 수용 학습을 촉진한다.

  - 교과목에 대한 비판적인 접근을 이끌어 낸다.

  - 명확화 한다.

제 3 장
기본소양과목의
교육목표에 따른 강의지침

1. "발표와 토의" 강의지침

1) 교과목의 교육목표 및 주요내용

<교과목 목표>

① 대인 의사소통 능력을 익혀 원만한 대인관계 개선을 도모하
며 자유로운 토론과 의견 교환이 가능하게 한다.

② 팀(모둠) 공동 작업을 통한 정보 수집 능력을 기르며, 이를
분석하고 효율적으로 이용할 수 있도록 지도한다.

③ 팀별 과제 수행 능력을 배양하며, 조직 구성원으로서의 역할을
인지하여 원만한 인간관계와 리더십을 함양하도록 지도한다.

<교과목 주요내용>

① 현대 민주사회의 구성원이 되기 위한 생산성 있는 토론의
방법을 제시하고 일정한 형식과 절차에 따라 자신의 의사를
관철하는 법을 체득할 수 있도록 지도한다.

② 이론 중심의 강의를 지양하고 과제 수행능력을 향상하기 위
한 학생 활동을 중심으로 하여 정보를 분석하고 조율하는
실질적인 발표와 토의가 이루어지도록 지도한다.

③ 수업 내용은 학생 스스로 자율적으로 구성하도록 지도하며
다양한 매체를 활용한 사례 분석을 통해 문화적 인식의 폭을
넓힐 수 있도록 지도하는 것을 목적으로 한다.

④ 이 강의는 대학생이 기본적으로 지녀야 할 논리적인 의사소
통 능력을 함양하기 위한 과목으로 말하기에 필요한 기본적
인 방법을 학생 구성원의 공동 작업을 통해 습득케 하여 궁
극적으로는 창조적인 자기 세계를 표현해 갈 수 있는 역량을
가지도록 한다.

2) 목표설정에 따른 각 부별 방향과 지침

(1) 제1부 - 말하기와 듣기를 넘어서

- 듣기의 중요성을 강조하고 좋은 청자가 되기 위한 여러 요소
를 점검할 기회를 갖는다.
- 강의구성원간의 원만한 대화를 통해 말하기의 두려움에서 벗

어날 수 있도록 지도한다.

- 격식을 갖춘 말하기보다는 10년 뒤의 자신의 명함을 디자인하게 해 서로 주고 받으면서 말하기 기술을 익힌다.
- 모둠(팀) 구성을 하기 위한 여러 가지 방법을 구현하여 학생들이 강의시간에 서로에게 좋은 협력자가 될 수 있도록 지도한다.

(2) 제2부 - 자기 표현하기
- 자신의 의견을 표현할 수 있는 생산적인 기질을 이끌어낸다.
- 집중적이고 효율적인 듣기를 전제로 한 제대로 된 의사소통의 능력을 가질 수 있도록 한다.
- 효과적으로 자신을 표현하는 법과 다른 구성원과 서로 협상하고 토론하는 법을 익힌다.
- 학생들에게 모둠 공동 인터뷰 과제를 부여하여 이에 적극 참여하여, 서로 이해하고 협조하면서 더불어 활동하는 기회를 많이 가지게 함으로써 풍요로운 인간관계 속에서 자신의 정체성을 찾아가는 과정을 모색하게 한다.

(3) 제3부 - 남 설득하기
- 실생활에서 접하는 문제들을 논리적이고 합리적으로 규명하고 총체적인 시각에서 해결 방안을 찾는 합리적인 의사결정 능력을 함양시킬 수 있도록 한다.
- 주어진 주제에 대한 여러 모둠별 토의 과정을 잘 분석하여 프

리젠테이션을 통한 말할 기회를 부여한다.

- 가상의 면접공간과 협상 건을 구성하여 실제 구성원간의 상호 평가가 이루어지도록 한다.

- 주어진 시간 안에 청중에게 호감과 신뢰를 얻을 수 있는 말하기 방법을 구성해 보게 한다.

(4) 제4부 - 생각 나누어 갖기

- 자신의 의견을 분명하고 논리적으로 남에게 전달하기 위해 필요한 정보와 자료, 다양한 견해를 수집하는 법을 익힌다.

- 학생들에게 이미 친숙한 미디어 매체를 적절하게 잘 이용하여 남 앞에서 말하는 두려움에서 벗어나 효과적인 논리를 제시할 수 있도록 지도한다.

- 모둠에게 여러 가지의 논쟁거리를 제공하여 주어진 시간 내에 토론의 규칙을 준수하면서 자신의 논리를 제시하는 방법을 지도한다.

- 토론 시 세심한 상호평가와 비디오 분석을 통해 적절한 교육적 피드백을 제공한다.

(5) 제5부 - 세상을 향한 말문 열기

- 구성원이 모둠별로 토의하고 토론하면서 잘 말하기 위해서는 단단한 사고력이 밑받침되어야 한다는 사실을 인식한다.

- 프리젠테이션을 활용하여 자신의 기획안이나 사실에 대한 효

율적인 전달법을 체득하도록 지도한다.

- 의사소통은 지식의 문제가 아니라 기능적인 문제이기 때문에 학생들이 자발적으로 모둠을 구성하고 현장감 있는 주제를 선정하여 토의하고 토론하는 과정을 이끌어낸다.

- 신뢰를 주는 신체언어를 사용하는 법과 청중의 공격에 여유있게 대처하는 법을 지도한다.

3) 팀워크 기술 향상을 위한 주별 강의 내용과 지침 예시

(1) 1강. 참 듣기와 거짓 듣기

가. 강의 목표

① 듣기의 일반적 원리와 중요성을 이해한다.

② 자신의 말하기와 듣기 대도를 모둠 구성원 상호평가를 통해 알아보고 반성한다.

나. 강의 내용

① 듣기의 중요성   ② 듣기와 들리기의 차이

③ 참 듣기와 거짓 듣기

다. 강의 과정

학습 과정	배분 시간	교수(강사)	학 생	비고
들어 가기	20분	①예시를 통해 말하기와 듣기의 상관성을 제시한다. ②학생들의 듣기 태도 평가과제물의 분석결과를 통해 학습동기를 유발시키고, 학습방향을 주체적으로 설정할 수 있도록 유도 한다. ③참듣기와 거짓듣기에 대한 모둠별 토의 진행과정과 결과물 제시 방식에 대한 오리엔테이션을 실시한다.	교재에 제시되어 있는 '바람직한 듣기 태도'의 항목에 준하여 자신의 듣기 태도의 문제점을 파악하는 과제물을 미리 제출하여야 한다.	
풀어 내기	40분	①동영상(연설문)자료를 공통으로 제시하여 토론 하도록 한다. ②학습내용을 심화하기 위한 모둠별 토의를 실시하며, 모둠별 토론 과정을 참여 관찰한다.	①동영상자료에 입각하여 들은 바 내용을 요약, 재구성하여 모둠원과 이야기를 나눈다. ②모둠원 상호간에서 제기되는 상이한 견해를 쟁점으로 하여, 참듣기와 거짓듣기의 양상에 대한 분석과 참듣기를 위한 발전적 대안을 모색하는 토론을 실시한다. ③토론 방식과 역할분담은 자체적으로 의견을 수렴하여 결정한다.	모둠별 토론과정은 동영상 자료로 남긴다.

학습 과정	배분 시간	교수(강사)	학 생	비고
나 오 기	30분	①모둠별 토론 내용을 발표시키며, 발표내용 중 중요한 쟁점 사항은 전체 토론으로 확장시킨다. ②모둠별 토론의 결과를 종합 정리한다.	①모둠별 토론 결과를 발표한다. ②모둠별 토론 진행과정의 문제점을 검토한다.	
준비 하기	10분	①과제 제시 '말하기가 두려운 12가지 이유' ②다음 수업 내용·진행과정·준비사항을 숙지시킨다.	①수업진행과정에 대한 모둠별 일지를 작성한다. ②모둠의 발표에 대한 상호평가와 자기 점검 평가를 작성하여 제출한다.	각 모둠은 매 시간 수업진행 일지를 작성하고 이를 학기말에 제출한다.

(2) 12강. 토론

가. 강의목표

① 토론의 필요성을 이해한다.

② 적극적인 토론 참여자가 되기 위해 필요한 요소를 안다.

③ 현재 쟁점이 되고 있는 토론 내용을 잘 보고 잘된 점이나 잘못된 점에 대해 이야기해 본다.

④ 주제를 선정하여 심도 있게 정하여 실제 토론해 본다.

나. 강의내용

① 토론의 필요성   ② 토론의 의의   ③ 토론의 유형

④ 토론의 구조   ⑤ 토론의 실제

다. 팀 별 수행과제

· 다음 중 의제를 택하여 의회식 토론을 개최하여 보자

　① 금연운동의 확산을 위해 담배 값을 더 많이 올려야 한다.

　② 우리 교육의 질을 상승시키기 위해 평준화 정책을 시정하여
　　　야 한다.

· 다음 제시하는 절차에 따라 "국가로부터 야기된 문제는 시민운
동을 통해 해결할 수 있다"라는 논제로 직접 충돌 토론을 하여
보자. 그리고 토론 판정표에 따라 토론을 판정하여 보자

　① 찬반 양 팀을 정한 뒤에 논제의 의미를 정확히 파악한다.

　② 사회자를 정한다.

　③ 자기 팀의 논거를 준비한다.

　④ 반대 팀의 논거를 예상하고, 그것에 대한 반박 논거를 준비
　　　한다.

　⑤ 직접 충돌 토론의 절차에 따라 토론을 진행한다.

· 다음에 제시하는 절차에 따라 "지방대 육성을 위해 지방대학 졸
업생에게 취업 할당제를 부여하여야 한다."라는 논제로 반대 신
문식 토론을 하여 보자. 그리고 토론 판정표에 따라 토론을 판정
하여 보자.

① 사회자를 정한다.

② 찬반 양 팀을 정한다.

③ 자기 팀의 논거를 준비한다.

④ 반대 팀의 논거를 예상하고, 그것을 반박할 수 있는 논거를 준비한다.

⑤ 반대 팀을 신문할 내용을 준비한다.

⑥ 반대 신문식 토론의 절차에 따라 토론을 진행한다.

라. 강의 과정

학습 과정	배분 시간	교수(강사)	학 생	비고
들어 가기	20분	①의회식토론 (parliamentary debate)의 성격과 방법론에 대한 이해를 도모한다.- 동영상 자료 활용 ②토론 평가표 작성 요령을 숙지시킨다.		
풀어 내기	50분	모둠별 의회식 토론을 실시한다.	토론에 참여하는 모둠을 제외한 나머지 모둠원은 판정관이 되어 평가표 (담당 교수별 작성)를 작성한다.	

학습 과정	배분 시간	교수(강사)	학 생	비고
나 오 기	20분	토론과정을 수록한 동영상을 중심으로 평가회를 실시한다.	평가과정은 모둠별 집단토론으로 수행된다. 모둠별로 평가 보고서를 작성하여 제출한다	학생들이 작성한 토론 평가표를 재검토하여 입론의 논거와 반박의 논거에 대한 올바른 평가기준을 확립할 수 있도록 한다.
준비 하기		①과제 제출 '토론 관련 인터넷 사이트에 접속하여 공개토론에 참석하거나 토론 프로그램의 패널로 참석한 후 그 결과물을 보고서로 작성하도록 한다.' ②다음 수업 내용·진행과정·준비사항을 숙지시킨다.	가상기업의 기획안 작성과 매체활용방안에 대한 모둠별 토의를 실시하고 역할분담과 수행계획을 수립한다.	

4) 평가 방법 및 내용

가. 발표와 토의 강의 성취목표 및 기준

- 모든 발표 자료는 개인용 포토폴리오를 구성하도록 지도하여 평가하도록 한다.

- 모둠을 구성하여 모둠에서의 책임의식과 자신이 맡은 분야에 대한 충실한 자료수집을 통한 모둠의 기여도를 평가한다.
- 동시대 문제의식의 쟁점화를 위해 토의와 토론을 통해 서로 다른 생각을 가진 사람의 의견을 수용하고 반박하는 능력을 지도한다.

<교과목 성과 달성 기준>

수준 1	학생들은 즉흥적인 문제에 대해 이야기한다. 그들은 대개 다른 사람의 이야기를 듣고 적절한 반응을 한다. 또한 청자들에게 간단한 뜻을 알아들을 수 있게 말할 수 있고, 몇몇 세부사항에 의해 그들의 생각이나 설명을 확장하기 시작한다.
수준 2	학생들은 말하기와 듣기에서 자신감이 생기기 시작한다. 특히 그들이 관심 있어 하는 주제가 나오면 더욱 그러하다. 종종, 학생들은 관련 깊은 세부설명으로 청자의 의도를 알고 있음을 보여 준다. 자신들의 생각을 전개하고 설명할 때, 좀더 증가된 어휘력을 구사하고, 명확하게 말한다. 대체로 주의를 기울이면서 듣고, 다른 학생들이 말하는 것에 대해 횟수를 늘리면서 적절히 반응한다. 상황에 따라 좀더 예의바른 어휘와 어조가 사용된다는 것을 인식하기 시작한다.
수준 3	학생들은 다양한 상황에서 생각을 탐구하고 서로 나누면서 자신감 있게 말하고 들으며 토론 시에는 주요 요점을 이해한다. 관련 깊은 의견과 질문으로 자신들이 주의 깊게 듣고 있음을 보여 준다. 다양한 어휘를 구사하며 청자의 수준과 욕구에 맞게 말할 내용을 구성하기 시작한다. 표준영어를 인식하고 그 사용 시점을 인식하기 시작한다.
수준 4	학생들은 맥락의 범위를 넓혀가면서 자신감 있게 듣고 말하게 된다. 그들의 말은 목적, 즉 생각을 신중하게 전개시키기, 사건을 묘사하기, 의견을 명확히 전달하기에 맞게 달라진다. 토론할 때는 다른 사람의 의견이나 관점을 주의 깊게 듣고 반응하며 토론에 참여하고 질문한다. 학생들은 표준국어를 사용한다.

수준 5	학생들은 공식적인 상황이 포함된 다양한 대화에서 자신감 있게 말하고 듣는다. 다양한 어휘와 표현으로 청자의 관심을 끌게 된다. 토론할 때 그들은 다른 사람이 말하는 것에 관심을 기울이고, 생각을 전개시키기 위해 질문하며, 타인의 관점도 고려한다.
수준 6	학생들은 점점 자신감을 가지며 다양한 상황에 맞는 언어를 선택할 줄 알게 된다. 다양한 어휘력과 표현력으로 청자의 관심을 끈다. 학생들은 사고의 이해력을 보이며, 타인의 의견을 적극 수렴하고 토론에 있어서 정보수집과 분석능력을 가지게 된다.
수준 7	학생들은 다양한 상황에 맞추어 자신감 있게 말할 수 있다. 그들은 명백한 대화를 위해 정확한 어휘를 구사하며 말을 조직한다. 토론을 할 때 학생들은 자신들의 참여 방법과 시기를 알고, 토론에서 중요한 역할을 맡는다.
수준 8	학생들은 폭 넓은 상황에서 목적성 있는 이야기 전개가 가능하다. 학생들은 적당한 억양과 강조, 적절한 어휘 사용으로 명백한 대화를 구성해 나간다. 토론을 발전시키기 위해 꼼꼼하고 민감하게 청취하며 중요한 기여를 하게 된다.
예외적인수행	학생들은 다양한 상황에 맞추어 적절한 양식과 음역(音域)을 사용하고, 다양한 어휘와 표현을 구사하게 된다. 매우 민감하게 토론을 시작하고 유지시키면서 기여도를 크게 높인다. 학생들은 다양하고 복잡한 연설을 집중하며 듣고 이해하며 토론에서 주요한 역할을 한다.

나. 문제해결형 프리젠테이션 기획력과 팀워크 능력평가

- 모둠 구성원이 각자의 역할을 협력하여 이행하고 공동으로 정보를 수집하고 분석하는 과정과 작업의 참여도를 구성원 상호 평가를 통해 엄격하게 구성한다.

- 교과목 성취 기준에 따라 학생들의 능력을 평가하고 시각 자

료를 효과적으로 전달하는 방법을 평가한다.

개인 포토폴리오	토의 및 토론참여도	동료 상호평가에 의한 팀워크 능력	출결	기타	합계
30%	20%	30%	10%	10%	100%

2. "문장의 이해와 표현" 강의지침

1) 교과목의 교육목표

- 주체적이고 종합적인 대학인의 사고능력을 함양하기 위한 글쓰기를 하게 한다.
- 대학생이 기본적으로 지녀야 할 쓰기 역량을 함양하기 위해 모둠을 구성하여 서로의 글쓰기를 점검하고 보완한다.
- 창조적인 자기 세계를 표현해 갈 수 있는 쓰기 역량을 가질 수 있게 한다.

2) 목표설정에 따른 각 부별 방향과 지침

(1) 제1부 - 글쓰기란 무엇인가
- 대학생들이 추구해야 할 창조적인 글쓰기를 위한 원리나 방법론들을 터득한다.

- 열린 사고방식의 중요성을 인식한다.

(2) 제2부 - 대학인과 글쓰기
- 대학생활 속에서 감당해야 할 글쓰기의 여러 유형들에 대해 훈련한다.

(3) 제3부 - 비판적 글읽기와 창의적 글쓰기
- 쓰기와 읽기와의 관련성을 정확하게 인식한다.
- 독서의 필요성을 강조하고 실천한다.
- 각 영역별로 추천되어 있는 도서를 선택하여, 1학기에 최소한 3권 이상은 읽게 하고 과제를 부과한 이후 독후감을 제출하여 토론하게 한다.

3) 주별 강의 내용과 지침의 예시

(1) 제1강 글쓰기의 기초
가. 강의목표
글쓰기가 현대인의 필수전략인 이유를 밝힌다.

나. 강의과정
강의는 도입, 전개, 정리로 나누고, 조원들을 참여시키는 조별발표 30분(전개부), 질의응답 15분을 포함하여 총강의 시간은 100분으로 대학 강의실에서 진행한다.

강의목표	글쓰기가 오늘날 필수가 된 까닭을 이해시킨다. 1) 글쓰기는 정보화시대의 정보소통수단 2) 입학, 취업 등을 결정하는 사고력의 척도 3) 글쓴이의 인격을 발현하여 삶을 풍부하게 하는 존재적 가치를 지님.		
학습활동	**교수(강사)**	**학생**	**유의점**
도입 10분	1.출석체크 2.도입(언어와 관련한 시사, 경구, 일화)	첫 오리엔테이션 시간에 조별발표방법을 숙지시켰으며 조별 발표 과제문은 현재 학생들에게 배포된 상태이다.	도입부에서 수업의 성공여부가 결정된다.
전개부 1. 조별 발표 30분	〈조별발표 방법〉 1.아래에 제시한 발표 수단중 하나 선택 ①비디오 ②파워포인터(프로젝터 수업을 할 수 있는 시설이 필요) ③OHP ④차트 ⑤연극 등 2.발표시간:20분 이내	학생들의 조별발표 1)차트, 파워포인트, OHP에 의한 설명식 2)연극식(부분) 3)피디와 리포터 4)독서토론회(작가, 평론가, 독자) 5)비디오 발표	1.발표시간은 20분을 넘기지 않도록 한다. 2.프린트물을 5~7매로 제한한다. 3.전체학생들의 수업태도를 지켜볼 수 있도록 강사는 가급적 뒷자리에서 앉아 참관한다.
2. 질의 응답 15분	발표한 조원에게 교과와 과제문과 관련하여 각각 한 문제씩 질문을 던진다.	이해의 성숙도를 평가	평가를 평가기준에 의해 구체적으로 하되, 현장에서 점수, 등급부분을 정한다.

| 3.
수업
강의 | 40분 | 1.글쓰기가 현대인의
필수전략인 이유
이유1: 정보화시대 의
　　　사소통의 수단
1)글쓰기는 정보소통
　의 수단
　(1)읽기 자료1
　(2)읽기 자료2
이유2: 실용적 사고력
　　　의 척도
2)글쓰기는 생각의 힘
　(3)읽기자료3
이유3: 존재적 가치의
　　　발현
　(4)읽기자료4 | | |
| 정 리
부 | 5분 | 1.강의요약 확인
2.과제제시 및 맺는말 | 자신의 견해를 A4용
지 2매 이내로 써서
다음 시간까지 제출 | 국문과 과제도
서실에 제출 |

4) 평가 방법 및 내용

(1) 학점 제시 기준

① 정기 평가: 기말고사 20%, 중간고사 20%

② 수시평가: 과제물 30%, 정기과제물(독후감 등) 20%, 수시과
제물 10%

③ 팀 과제 수행 능력 평가: 발표 20%, 팀 협동성 출석10%

(2) 발표 평가

『문장의 이해와 표현』을 수강하는 학생은 1학기에 1회 이상 발

표를 기본으로 한다. 이 과목의 기본 목표가 쓰기에 있는 것은 분명하지만, 사회적 소통이라는 측면에서 쓰기의 다음 순서는 말하기로 연결되는 것이 바람직하다. 최근 들어서 사회 전반에 걸쳐 토의와 토론을 통한 의견 수용 방법에 대한 논의들이 진행되고 있다는 점을 감안하면 쓰기는 말하기와 연계되는 것이 마땅하다. 『문장의 이해와 표현』의 발표 수업은 이러한 말하기의 성숙도를 확인할 수 있는 좋은 기회이다. 따라서 수업의 많은 부분을 차지하는 발표도 쓰기와 함께 중요한 평가 대상일 수밖에 없다.

① 발표 형태

- 개인 발표 ; 『문장의 이해와 표현』 교재에서 개인 발표는 제3부 <비판적 글읽기와 창의적 글쓰기>의 '독서토론' 부분을 제외하고는 모두 개인 발표가 가능하다. 개인 발표를 할 경우에는 조별로 발표할 경우보다 1명의 학생이 발표 범위를 두루 공부할 수 있다는 장점이 있다.

- 조별 발표 ; 『문장의 이해와 표현』에서 모든 부분은 조별 발표가 가능하다. 조별 발표는 개인 발표가 갖기 어려운 집단적 협력관계를 도모할 수 있어 사회 진출을 준비하는 학생들에게 아주 유용한 발표 방식이다. 한 수업에 50명이 배정될 경우 1주에 1팀, 1팀의 인원은 3명~4명 정도가 적정한 것으로 생각된다(중간고사와 기말

고사를 제외하여 13주 수업으로 계산했을 경우).

② 수업 진행 모델

1교시 - 출석 체크 5분, 발표 시간 30분, 질의와 답변 15분 - 50분
　　　수업

2교시 - 발표에 대한 교수의 정리 및 일반 수업 - 50분 수업

③ 평가 항목

- 숙지도(30%) ; 발표에서 가장 우선적으로 평가되어야 할 항목
  은 발표의 내용을 얼마나 깊이 있게 소화하고 있는가이다. 발
  표 내용 숙지도는 일차적으로 교재의 내용을 자신의 언어로
  요약하는 데서 잘 나타난다. 최근 인터넷이 범람하면서 학생
  들이 인터넷 자료를 그대로 복사·편집하여 레포트를 제출하
  는 경우가 전부라고 말해도 과언이 아니다. 레포트를 하기 위
  해서 자료를 찾아 도서관을 누비고 다니며 공부하는 학생은
  정말로 찾아보기 어려운 실정이다. 따라서 학문하는 자세를
  조금이라도 가르치기 위해서는 발표 내용을 얼마나 이해하고
  있는가를 평가하여야 한다.

- 창의성(30%) ; 앞에서도 이야기한 바와 같이 지금 대학 교육
  에서 인터넷의 침투 문제는 아주 심각한 수준이다. 물론 오랫
  동안 학업을 계속해온 전문적인 학습자들의 경우 인터넷을 긍

정적으로 활용하고 있는 예는 얼마든지 있다. 그러나 이 경우는 자료적인 차원의 도움을 받는 것이지 단순 표절을 하는 경우는 찾아보기 어렵다. 그러나 스스로 학업 능력이 확립되어 있지 않은 학생들에게 인터넷을 허용하는 것은 단순 복사와 편집 기술을 기르는 것 외에 어떠한 도움도 되지 않는다. 따라서 레포트에서 인터넷 활용은 우선적으로 금지하고 모든 참고자료는 서적에 한해야 할 것이다. 단 참고 서적이 5권 이상이 넘을 경우에 한하여 제한적으로 인터넷 자료 검색을 참고자료로 인정해 주어야 할 것이다.

- 질의와 답변(20%) ; 발표가 성공적으로 이루어지기 위해서는 일방통행식이어서는 곤란하다. 발표에 대한 학생들의 질의와 토론이 잘 이루어지면 별 문제가 없겠지만, 일반적으로 학생들의 질의는 거의 없는 편이다. 따라서 교수는 일방적 강의보다는 발표 내용에 대한 질문을 통하여 수업에 활력을 불어넣고, 발표를 들은 학생들에게도 질문을 던지고 답변을 함께 생각하는 방식으로 진행하는 것이 바람직하다.

- 형식적 측면(10%) ; 과제물의 분량은 5〜7매로 적절한가, 목차가 내용 전체를 대표하는가, 서론·본론·결론은 제역할을 하고 있는가, 각주 처리는 적절한가, 참고문헌은 제대로 표시하고 있는가 등을 평가한다.

- 조별 협력 관계(10%) ; 발표를 하기 전에는 발표자를 모두 앞으로 나오게 하여 자기 이름을 이야기하고 인사하는 방식도 시행하여 보니 좋은 효과를 얻을 수 있었다. 학부에 따라서 학생 수가 너무 많아 분반이 되는 경우는 졸업할 때까지 서로 얼굴도 모르고 지내게 된다. 인사를 하면서 서로 얼굴을 익히는 것도 수업 분위기를 부드럽게 하는 데 어느 정도 영향은 있다고 생각한다.

조별 발표는 3~4명이 함께 준비하게 된다. 주어진 발표 내용을 각자가 분량대로 나누어서 준비를 하게 된다. 따라서 발표는 어느 특정인에게 일임하기 보다는 골고루 모두 참여하게 하는 것이 좋다. 그렇게 되면 발표자도 혼자 할 경우보다 훨씬 정신적 부담도 줄어들게 되고, 어느 한 사람 낙오자 없이 고루 발표에 참여하는 협동정신을 기를 수 있을 것이다. 이 방법이 약간 혼란스럽다고 여겨질 수도 있으나, 실제로 이에 따라 수업을 진행하여 보니 큰 문제점은 발견되지 않았다.

(3) 과제 평가

① 정규 과제물 - 감상문 쓰기

현재『문장의 이해와 표현』의 수강생들은 1학기에 3번의 과제물을 제출하도록 되어 있다. 과제의 내용은 3번 모두 독서독후감이다. 하지만 이 방식은 학과의 특성과 시대적 특성을 전혀 고려하지 않은 것으로 생각한다. 수강학생들은 과제물의 일률성에 대한 상당한 불만을 갖고 있음이 설문 조사 결과 드러났다. 따라서 과제물 제출 횟수는 현행대로 3번으로 하되, 과제의 내용은 <표1>과 같다.

<표1> 과제물 제시 현황

과제 내용	기준	비고
필수-독서감상문 1회 선택-영화감상문 1회, 　　　실습체험기 1회, 　　　여행체험기 1회 중 교수 재량에 의하여 1가지 선택	수업 중 실험의 비중의 높은 대학인만큼 그 특성을 과제물에 반영하기로 한다. 또한 독서감상문과 영화감상문은 대학을 불문하고 대학생으로서 갖추어야 할 교양이므로 공통과제로 부여한다.	과제물은 ① 우선적으로 인문학적 소양을 갖출 수 있는 내용을 제시하여해야 한다. ② 단과대학의 특성을 고려하여 특수성을 살릴 수 있는 과제를 제시한다.

② 수시 과제물

정규 과제물 이외에도 교수 재량은 수시 과제물을 부여하는 것이 바람직하다. 수시 과제물을 부여하기에 적당한 단원은 <표2>와 같다. 단, 수시 과제물은 정규 과제물이나 학생들의 조별 발표에 부담을 주지 않을 정도의 가벼운 것이 좋다. 작성된 과제물은 조별 발표가 끝난 2교시에 자발적으로 발표하거나 교수가 지목하여 읽게 하는 정도로 하는 것이 좋다. 또한 조별 발표로는 부적당하므로 개인 발표로 하는 것이 좋다.

〈표2〉 수시 과제물 제시 현황

교재	대단원	중단원	소단원
『문장의 이해와 표현』	제2부 대학인과 글쓰기	제2강 생활에서의 글쓰기	1. 자기소개서
			2. 이력서
			3. 인터넷에서의 글쓰기
			4. 기타 실용문
			5. 기업에서 글쓰기

③ 평가

평가는 1)'발표 평가'의 ③'평가 항목'과 동일하다.

④ 제출 시기

과제물은 4주차(득서감상문), 8주차(교수 재량에 의한 과제물), 12주차(독서감상문)까지 제출하는 것으로 한다.

(4) 정기 평가(배점 40점)

① 시행 시기

중간고사 - 8주차   기말고사 - 15주차

② 배점

중간고사 - 20점   기말고사 - 20점

③ 출제 범위

구분	시험 범위
중간고사	제1부 '글쓰기란 무엇인가' 제1강 '글쓰기의 기초' ∼ 제4강 '맞춤법과 문장 오류
기말고사	제2부 '대학인과 글쓰기' ∼ 제3부 '비판적 글읽기와 창의적 글쓰기'

④ 출제 방식

출제는 기본적으로 『문장의 이해와 표현』 교재를 충실하게 사용하는 것을 원칙으로 한다.

구분	시험 범위		출제 유형	문항수(배점)
중간 고사 20점	제1부 글쓰기란 무엇인가	제1강 글쓰기의 기초 제2강 창조적 글쓰기	서술형 - 교재에 있는 〈읽기자료〉와 〈연습문제〉 등 자료를 제시하고 이를 단원의 핵심 사항과 연결지어 서술하는 방식 완성형 - ① 서론-본론-( ), ② 서론-( )-결론, ③ ( )-본론-결론 등과 같이 문맥을 참조하여 괄호 부분을 완성하는 문제	2문항 (1문항 X 5점)
		제4강 맞춤법과 문장 오류	고치기 - 교재에 주어진 예시를 바르게 고치는 방식	10문항 (1문항 X 1점)
기말 고사 20점	제2부 대학인과 글쓰기	제1강 대학에서의 글쓰기 제2강 생활에서의 글쓰기	서술형- 자기소개서, 이력서, 기타 실용문 등을 직접 쓰는 방식	1문항 (5점)
	제3부 비판적 글읽기와 창의적 글쓰기	제1강 읽기와 쓰기의 관계	서술형 - 독서토론에 필요한 기본 이론을 묻는 방식	1문항 (5점)
		제2강 읽기와 쓰기를 위한 추천도서	서술형 - 학생들이 발표한 독서토론의 내용을 중심으로 한 출제 방식	2문항 (1문항 X 5점)

제 4 장
MSC(일반화학) 및
실험과목(재료기초실험)의 강의지침

1. MSC 교과목 강의지침

1) MSC 교과목에서의 팀워크의 필요성

MSC는 수학(Mathmatic), 과학(Science) 및 컴퓨터공학(Computer)의 관련과목들을 통틀어 약어로 표현한 것이다. 학생들이 어떤 방식으로 과제를 수행하며 공부하는가 하는 것은 학생들의 성적이나 학습 만족도를 크게 좌우한다. 특히 동료 학생들과 학습 팀을 만들어 함께 영어나 전공 공부를 하거나 과제를 수행하는 일은 매우 중요한 학습활동이 된다. 아직 대학 생활에 익숙하지 않고, 수학과 과학의 수학능력에서 큰 차이를 보이는 신입생들이 주로 수강하는 기본 소양이나 MSC의 과학 관련 과목의 과제를 팀별로 수행하도록 운영 방법을 변경하는 것은 학습 효과에 미치는 영향이 클 것이다. 이와 같이 팀별 협동학습이 활발하게 운영되면 다음과 같은 도움이 있을 것이다.

- 과제를 수행하기 위해 팀의 일원으로서 기여해야 할 부분에 따른 개인적 책임감을 배우게 되고, 혼자 수행하는 것보다 시간을 절약 할 수 있다.
- 학습 정보와 전략, 개인적 학습 경험을 팀과 서로 공유할 수 있다.
- 협동심, 팀워크를 배우는 기회가 되므로 졸업 후 팀 단위의 전문 활동을 수행할 때 도움이 된다.
- 팀 활동을 통한 협조적인 분위기는 자신이 부족한 수학이나 과학 교과목의 학업 성취도를 높여 준다.

2) MSC 교과목에서의 팀워크의 형태

대학에서는 2~3명이 함께 과학 문제를 푸는 간단한 형태부터 학기 내에 팀별 과제를 진행하는 모임까지 팀워크가 가능하다. 따라서 어떤 목적을 위해 팀워크를 수행 하느냐에 따라서 각각 조직이나 활동이 달라지게 된다.

MSC 교과목 수행 시에도 학습 목표 달성을 위해 다음과 같은 경우에 팀워크 학습이 가능할 것이다.

- 연습문제 풀이
- 퀴즈 및 시험 준비
- 영문 교재인 경우 독해 후 상호 의견 교환
- 교재에 제시된 각종 실험의 공동 수행

가. 적용 예: MSC 교과목인 일반 화학 교재의 "여러분도 할 수 있는 화학"에 대한 실험 수행

교과목명	일반화학	MSC교과목	필수
교재	Moore, "일반화학", 일반화학교재연구회, 자유아카데미, 2005.		
학습성과 세부목표	팀중요성을 인식하고, 팀 구성원 수행 능력과 팀웍 능력을 배양		
적용	주제	내용	평가기준
1 단계	팀웍의 개요	중요성, 정의 및 필요성	
2 단계	팀개발	팀 구성, 규칙, 구성방법 토의	역할분담, 팀구성
3 단계	팀운영	과제 내용 검토 및 문제접근 방법, 추진일정 토의	정보공유
4 단계	발표 및 평가	프리젠테이션 및 보고서 작성, 설문, 회의록 및 평가지 작성	의사소통

- 아래와 같은 교재의 내용을 과제로 부여하고, 수강 학생들은 팀을 구성해 협동학습을 수행해 팀워크를 배양한다. 팀 구성과 운영 및 절차는 정해진 팀 운영 규칙에 따른다.

🔍 여러분도 할 수 있는 화학 : **응결된 콜로이드**

전유(whole milk)는 약 4%의 지방을 포함하고 있다. 탈지유(skin milk)는 훨씬 적은 양의 지방을 포함하고 있다. 게다가, 우유는 단백질을 포함하고 있다. 지방과 단백질 모두 콜로이드의 형태로 있다.

약 100㎖의 전유에 약 2 스푼(table spoon)양의 식초나 레몬주스를 첨가하고 (만약 가지고 있다면, 탈지유와 1% 또는 2% 고지방 우유에도 똑같이 하라), 잘 저은 다음 무슨 일이 일어나는지 관찰하라. 실온에서 하룻밤 그대로 두어라. 결과를 관찰하고 기록하라. 관찰한 결과에 대한 설명을 써라.

시도해 볼 수 있는 또 다른 실험은 동종의 우유시료들에 소금을 가한 후, 관찰 결과를 기록하는 것이다. 소금도 산이 우유에 미치는 효과와 같은 효과를 미치는가?

이 우유는 하수구로 버릴 수 있다. 이 우유들은 냉장되지 않았고, 해로운 세균을 포함하고 있을 수 있으므로 절대 마셔서는 안 된다.

나. 실험보고서의 작성

실험 수업에서는 학습효과를 높이기 위해 실험 결과를 담은 보고서를 작성하게 된다. 이 보고서는 자신만을 위한 보고서가 아니므로 적절한 형식에 맞게 작성하여야 한다. 그리고 MSC 교과목인 일반화학 강의와 같이 진행되는 경우이므로 보고서는 가능한 간략하게 쓰되 분명하고 정확하게 과정이 잘 나타나도록 기술한다.

① 표지 - 제목, 날짜, 조별 명단, 학번, 이름 등

② 요약 - 주제, 실험한 범위, 사용한 방법, 결과, 결론

③ 도입(introduction) 혹은 실험 이론(theory)

  - 일반화학의 교재에 포함된 개념들에 대해 간단히 논의

  - 실험을 하게 된 동기나 이유

④ 측정 방법(procedure/methods)

   - 실험 기구, 결과 도출 방법

   - 실험 단계를 도식화하거나 실험 장치의 그림을 삽입

⑤ 측정 결과

   - 수집된 데이터를 논리적으로 표현

   - 그림, 표, 그래프 등으로 나타냄

   - 그림, 표, 그래프에 대한 설명

⑥ 결과 및 논의(results and discussions)

   - 두드러진 특징, 해석, 추이에 대한 논의

3) 바람직한 팀의 구성

팀워크 학습의 이점을 최대한 살리기 위해서는 팀이 효과적으로 운영되어야 한다. 바람직한 팀의 형성을 위해서는 팀원 간의 친숙함과 함께 팀에 대한 소속감과 수용감을 가져야 한다. 팀 구성시에 고려해야 할 일반적인 사항은 다음과 같다.

① 팀에 부여된 과제는 분명하고 실제적인 목표를 가져야 한다. 이 목표는 팀의 모든 구성원에 의해 과제 시작 전에 이해되고 받아들여져야 한다.

② 팀은 상호 보완적인 전문성과 문제 해결 기술, 배경 그리고 능력을 가진 개개인에 의해 구성되어 지도록 한다.

③ 팀에 좋은 리더가 있어야 한다.

④ 토론이 있는 환경과 팀 지도력은 개방성과 존경심, 정직성을
  증진시킨다.

⑤ 팀 필요와 목표는 개인의 필요와 목표에 앞서야 한다.

가. 팀구성

구성원은 서로 신뢰할 수 있는 사람으로서 각자의 가치성을 인
정하고 맡은 것에는 책임을 다하고, 서로 도와 줄 수 있는 자질을
갖추어야 한다.

나. 공동 목표

그룹스터디를 통해 무엇을 얻고자 하는지 공동의 학습 목표를
갖도록 하고, 개별 학습으로 얻는 결과보다 많다는 시너지 효과를
보여야 하고, 공동의 학습 목표 외의 주제로 빠지지 않도록 한다.

다. 운영

각 팀은 한 과제가 종료될 때마다 구성원이 돌아 가면서 팀내
역할을 맡고, 이것도 팀 운영 규칙에 따라 진행한다.

4) 팀워크 학습의 진행

팀워크 학습의 목적을 달성하기 위해 일반적으로는 다음의 과정

으로 진행되는 것이 좋다. 운영에 대한 자세한 내용은 다음과 같다.

단계	내용	내용설명
팀구성	적절한 인원으로 구성	교수에 의해 팀을 구성하는 경우는 1~2 단계로 나누어 5명 이내로 팀을 구성하는 것이 합리적이다. (1) 1 단계 : 사전 검사, 최근 시험 점수(퀴즈, 중간고사 등) 등을 토대로 성적이 가장 높은 학생부터 순위 목록을 작성한다. (2) 2 단계 : 학습 능력이 높은 학습자 1 명, 학습 능력이 중간인 학습자 2명, 학습 능력이 낮은 학습자 1명 등으로 구성한다.
	팀 참여자 특성 파악	팀내에서 구성원의 학습 능력, 학업 관련 장단점, 특성, 팀에 대한 기대 사항을 서로 파악한다.
팀운영 논의	목표 및 산출 결과물 논의	협동 학습(MSC 교과목)의 전반적인 학습 목표를 정한다.
	역할 결정	팀내 역할 분배(팀 리더, 서기 등) 및 책임 사항을 논의한다.
	운영원칙 결정	팀내 규칙을 어긴 경우 어떻게 할 것인지 등 운영 원칙을 사전에 결정(책임 미완수 등)한다.
진행	세부 활동 진행	계획한 시간에 따라 진행한다. (실험 수행의 경우 보고서 기록)
평가	과정 및 결과에 대한 평가	협동 학습을 통해 얻고자 한 것을 얼마나 얻었는지 평가 한다.

5) 팀 내에서의 역할과 책임

그룹 스터디가 원활하게 진행되기 위해서는 적어도 전체 모임을 진행하는 팀 리더, 모임내용을 정리하는 서기, 적극적으로 참여하는 참여자의 세 가지 역할이 필요하다. 참여자는 모든 사람에게 해당하나 팀리더와 서기는 경우에 따라 과제 마다 각각 다른 사람을 선정하는 것이 좋다. 이같이 역할을 고정하지 않는 것은 팀 내 구성원이 각각 다른 역할을 경험해 봄으로써 서로를 이해하고 협력하도록 하기 위함이다. 리더, 서기, 참여자는 각각 아래와 같은 역할을 하게 된다.

가. 팀리더(조장)
- 팀원들의 기여도를 체크하고 아이디어를 평가한다.
- 정해진 시간에 따라 주제나 문제가 논의되고 모임이 진행되도록 이끌어 간다.
- 토의 내용 및 아이디어를 요약해서 팀원들이 분명히 이해하도록 한다.
- 서로의 의견이 일치 할 수 있도록 의견을 조율하는 역할을 한다.

나. 서기
- 모임에서 제안된 의견이나 아이디어, 결정된 것 등을 일지로 기록한다.
- 제안된 안건을 요약하여 정리한다.
- 지난 모임에서 기록한 것을 복사하여 다음 모임에 보여 준다.

- 공동의 과제가 원활하게 진행되도록 조장을 도와준다.

다. 참여자
- 모임 시작 시간을 정확히 지키며 자기 몫을 준비해 온다.
- 모임이 원활하게 진행될 수 있도록 협조한다.
- 다른 사람들의 말을 적극적으로 들어 주고, 자기 의견에 대한 방어는 최소화 한다.
- 모임이 진행되는 동안이나 후에 과제가 공정하게 나누어 질 수 있도록 협조한다.

6) 모임 회의록 양식

팀워크 학습이 효과적으로 운영되기 위해서는 때로 모임에서 논의된 내용을 기록하는 것이 필요하다. 특히 실험과 같이 장기적인 과제로 진행하는 경우나 불가피하게 불참자가 생기는 경우에 모임 기록은 특히 중요하다. 기록 양식은 일반화학 교재내의 "여러분도 할 수 있는 화학" 과 같이 간단한 실험 모임인 경우를 가정하였다.

팀워크 학습 기록 사례| 일반화학의 간단한 실험과제

모임일시 및 장소	언제		
	장소		
준비해야 할 일	1		
	2		
	3		
팀원역할 (출석자)	이름	역할	수행사항
모임진행	과정	시간	수행결과
	기대하는 결과물		
	점검하기		
	당일 구체적 활동내용 및 예상		
	소요시간		
	활동하기		
	다음 모임 상의하기		
	당일 모임에 대한 평가		

7) 팀워크 학습 운영 평가표

다음은 팀워크 학습이 얼마나 효율적으로 진행되는 지, 어떤 부분의 개선이 필요한지 알고자 할 때 확인/점검해 볼 수 있는 체크리스트를 작성하고, 과제 평가 시 각자 작성하여 팀 운영에 반영할 수 있도록 한다.

구분	내용	확인
1	구성원은 상호 신뢰할 수 있고 독립적이다.	
2	구성원 모두가 맡은 일에 책임을 다한다.	
3	모임 구성 후 팀원들은 각자 장단점을 이해하고 존중한다.	
4	의견제시, 토론 등에 팀원 모두가 적극적으로 참여한다.	
5	구성원들이 자신의 감정을 자연스럽게 표현할 수 있다.	
6	팀 활동을 통해 무엇을 얻고자 하는지 공동의 학습 목표를 갖고 있다.	
7	학습 목표외의 주제에서 벗어나지 않는다.	
8	자신의 의견을 말할 때는 간결하고 명확하게 말한다.	
9	자신의 생각만을 고집하지 않으며 다른 사람의 의견을 경청한다.	
10	자신과 다른 의견이 나올 때에는 이의를 제시할 수 있다.	
11	자신이 모르는 내용이나 용어가 나오면 추가 설명을 요청할 수 있다.	
12	서로의 의견에 대해 분석이나 비판을 하지만 건설적인 방향으로 한다.	
13	문제에 대한 결론에는 모두 동의한다.	
14	구성원이 돌아가면서 역할을 맡는다.	
15	모임 때마다 그룹 운영 규칙을 상기한다.	

2. 실험과목(재료기초실험) 강의지침

1) 교육목표

① 금속조직관찰용 시편의 제작 및 조직관찰, 결과발표 등을 팀
활동을 통하여 수행하도록 함으로서 팀워크정신을 배양한다.

② 전체 실험과정을 구성원 간의 협력적인 조화를 이루어 실시
하게 함으로서 리더십을 함양하고, 팀멤버로서의 역할을 원
만하게 수행하도록 한다.

③ 팀워크를 통해 다양한 배경의 동료와 팀을 이루어 과제를
수행하는 능력을 기르고, 과제 수행 중에 느낀 점이나 결과
물에 대해 기획자(관리자)에게 정확하게 발표하고 전달하는
능력을 배양한다.

2) 팀의 구성 및 팀 리더의 선발

(1) 팀의 구성

① 팀의 구성은 1주에 이루어진다.

② 팀의 구성은 관리자(교수 또는 조교)가 설정한다.

③ 팀의 크기: 3~4명, 커질수록 협력적인 조화가 어렵다.

④ 팀의 구성은 다양하게 (복학생, 재학생, 남학생, 여학생), 다
양성을 통하여 서로의 장점을 취하고 갈등해결방법을 모색
한다.

(2) 팀리더의 선발

① 팀리더 선발을 위하여 일정시간(1주일)을 주고 학생들의 자율에 맡긴다.

② 팀리더는 팀 멤버들의 활동을 조화시키고, 팀의 규칙설정, 미팅지정, 회의의 주최 및 결과의 발표 등을 수행한다

③ 팀리더에게는 일정한 보상(학점 등)이 주어진다.

④ 회의록 작성 등을 위하여 팀장은 서기를 지정할 수 있다.

3) 실험을 수행하기 위한 사전교육

① 실행을 수행하기 위한 사전교육은 2주에서 3주 사이에 이루어진다.

② 기초실험을 원활히 수행하기 위한 안전교육을 실시하며 실험 시 다루게 될 각종 장비에 대해 간단하게 소개한다.

③ 현미경관찰실험을 위한 재료준비 - 각종 금속재료 각조에 3가지 종류의 금속을 주고 각 금속의 특성에 맞는 시편을 준비한다.

④ 각 금속의 특성에 대한 교육한다.

4) 팀임무(실험)의 수행

(1) 사용소재 : 실험재료는 각 팀의 멤버들이 각각 다른 실험과정을 가지고 참여할 수 있도록 다른 소재를 배당한다.

(예: 팀 멤버가 3인일 경우 3가지 재료 (예: AZ91, 304 Austenitic Stainless Steel, S40C 등))

(2) 실험순서

① Sectioning: Hand saw 또는 Microcutting machine을 사용

② Mounting: Cold mounting(마그네슘 합금과 스테인리스강)과 Hot mounting법(탄소강) 모두를 사용

③ Identification: engraver를 사용

④ Grinding & Polishing: chemical polishing

⑤ Cleaning: Ultrasonic cleaning

⑥ Etching: 스테인리스강에는 Electrochemical etching, 다른 재료에는 chemical etching을 사용

⑦ Microstructural Observation: 광학현미경

⑧ Quantitative analysis

5) 팀별 결과의 발표

① 팀별 결과의 발표는 15주에 실시된다.

② 결과의 발표는 각 팀 당 10분 이내로 제한

③ 발표자는 원칙적으로 팀장이 행함

④ 결과의 발표 후 각 팀은 발표물(회의록 포함) 1부와 함께 각 개인은 보고서 리포터를 따로 제출한다.

⑤ 평가 시에는 발표내용, 보고서 구성의 질, 팀워크 활동, 발표

태도 등을 고려하여 최종평가

⑥ 발표점수는 전체 평가점수에서 40% 작용

6) 평가

(1) 학점 산정

출석	20%
과제 최종보고서 & 발표 (팀평가)	40%
리포트	40%

- 각 학생에게 부여되는 점수는 '팀평가 + 개인평가'를 종합하
  여 결정한다.

(2) 최종보고서발표

① 보고서의 분량은 15 쪽 이내로 제한한다.

② 보고서 발표는 Powerpoint program을 사용하고 발표 2일
  전까지 담당조교에게 제출한다.

<구두발표 평가양식>

팀명			팀장				
팀멤버 이름							
평가 항목			아주 못함	못함	보통	잘함	아주 잘함
보고서 구성의 질 (디자인, 흐름도 등)							
발표내용 (소개, 실험결과, 팀활동 등)							
구술 (속도, 제스처, 시선, 시간 등)							
Comment:							
평 점							

(3) 리포트 평가

① 리포트는 출석과 함께 개인평가자료로 사용된다.

② 리포트는 흔글 또는 한글Word 프로그램을 사용하여 20쪽
내외로 작성하며 실험내용 및 결과에 대한 해석은 동일 팀의
멤버들끼리 공유할 수 있으나 개인의견 및 실험 후 감상은
다르게 표현되어야 한다.

③ 리포트의 평가는 리포트 구성, 결과물에 대한 해석 및 참고자
료와의 비교를 통한 공학적 해석 등을 종합적으로 평가한다.

성명			학번				
평가 항목			아주 못함	못함	보통	잘함	아주 잘함
리포터의 구성 (포맷, 전개, 표현)							
리포터내용 (실험결과, 결과의 정리)							
실험결과에 대한 해석 및 토의 (문제점파악 등)							
평 점							

제 5 장
설계과목에서의 강의지침

1. 요소설계(전자기학) 강의지침

1) 요소설계의 팀워크 목표

　요소설계는 이론수업과 설계교육이 병행되므로 학생들이 효율적으로 설계를 진행할 수 있도록 팀워크를 도입하여 진행하며 팀워크를 통해 여러 사람과 팀을 이루어 일을 효율적으로 해결할 능력을 기른다.

2) 팀워크 실행개요

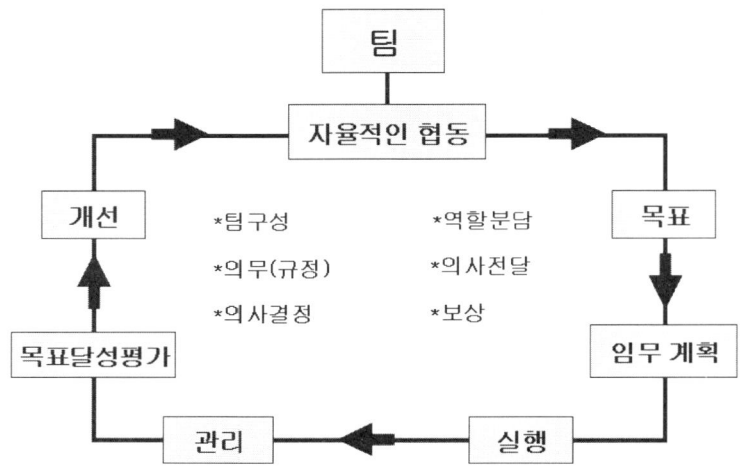

각 팀은 요소설계에서 주어지는 과제에 대해 설계목표를 세우고 이에 따라 역할 분담을 하여 실행한다. 또한 팀워크의 실행을 팀 스스로가 관리하며, 팀 스스로 목표달성을 평가하여 최종적으로는 팀워크에 대해 개선방안을 제시하는 것으로 한다. 각 팀은 팀워크 실행을 위해 팀구성, 역할분담, 규정, 의사전달방법, 의사결정, 보상에 대해 스스로가 결정하여 이를 제시하여야 한다.

3) 팀워크실행

(1) 팀구성 기준
선수과목 성적, 선수과목 성취도조사 성적, 성별, 학년

(2) 팀구성 방법

① 팀당 4-5명

② 선수과목 성적, 선수과목 성취도조사 성적에 따라 팀을 구성

③ 여학생과 재수강 학생이 2명 이상이 한 팀으로 구성하지 못함.

(3) 평가도구 및 평가방법

① 교수평가

　- 팀워크에 관련된 제 양식이 모두 구비되었는가

　- 양식은 충실하게 기재되었는가

　- 각 팀의 목표에 도달하였는가

② 학생평가(동료평가)

　- 각 팀에서 팀원이 평가

　- 한 팀내에서 각 팀원의 점수는 팀이 정한 차이에 따라 평가

4) 팀워크 실행양식

(1) 의사결정

의사결정형태	내용	횟수
논의 없이 한 사람이 한 결정		
한 두 사람의 합의에 의해 결정		
전원 합의에 의해 결정		

(2) 규정

① 팀이 함께 일하는데 있어 도움이 되는 규칙을 각자 생각하라.

② 그 규칙을 각자가 아래에 적고 이 워크시트를 모두가 적을 수 있도록 각 팀원에게 돌려라.

③ 다른 팀의 규칙은 어떤지 확인하라.

④ 다른 팀의 좋은 규정에 대해 팀원들과 의논하라.

⑤ 다른 팀의 좋은 아이디어를 자신의 팀 규칙에 추가할 지를 의논하여 합의하라.

⑥ 팀 규정을 다시 수정하고 모두가 동의한다면 아래에 사인하라.

【 ✎ 팀원 사인】

팀원1 _____

팀원2 _____

팀원3 _____

팀원4 _____

팀원5 _____

(3) 의사전달

회의가 아닌 형태에서 의사전달			발신자				
방법	횟수	내 용	팀원 1	팀원 2	팀원 3	팀원 4	팀원 5
		합 계					

(4) 구성 및 역할분담

팀원이름	역할	주어진 일	한 일

(5) 보상

팀원 이름	팀원 1	팀원 2	팀원 3	팀원 4	팀원 5
점수					

① 등급에 따라 점수의 차이가 있어야 한다.

② 자체규정에 따라 어떤 팀원이 팀 활동에 기여가 없다고 판단
되면 0점을 줄 수 있다.

③ 팀원의 점수는 모두 달라야 하며 같을 시에는 팀 전체 점수
는 0점으로 처리한다.

(6) 회의록

회 의 록					
회의 일시	회의 장소	회의 소집자	회의 진행자	참석자	불참자

논의내용		관련 규정
1		
2		
3		
4		

결정내용		결정 형태
1		
2		
3		
4		

(7) 팀 수행 설문

자신의 팀을 나타낼 수 있는 설문 문항이 있습니다. 각 문항에서 동의의 정도를 나타내는 정도(1-5)를 정확하게 체크 하시오.

1.아주 아니다 2.조금 아니다 3.모르겠다. 4.조금 그렇다. 5.아주 그렇다.

이 설문에서 팀에 주어진 일이라고 하는 것은 중간고사에서 주어진 인덕턴스 공식유도 맥스웰 해석을 의미한다.

팀 동기	1	2	3	4	5
1. 이번에 팀에 부여된 일은 중요하며 전자장 학습에 동기부여가 되었다.					
2. 이번에 팀에 부여된 일은 좀 어렵지만 성취할 수 있는 것이었다.					
3. 동료로부터 자신이 수행(맡은 부분)에 대해 "잘되었다" 혹은 "잘못되었다"라는 명확한 피드백을 받았다.					

팀 구성					
4. 우리 팀은 하는 일에 맞게 적당한 인원수로 구성되었다.					
5. 우리 팀은 하는 일에 필요한 지식과 기술(영어와 전자장관련 지식)을 가지고 있었다.					
6. 우리 팀은 모두가 협동해서 이번에 주어진 일을 하였다.					

대인관계					
7. 수업 외에도 평소에 팀 내의 사람들과 잘 지내는 편이다.					
8. 가끔 팀 내에서 팀원 상호 간에 파괴적인 충돌이 있었다.					
9. 우리 모두는 이번에 주어진 일을 효율적으로 하기 위해 각자에게 주어진 일을 명확하게 알고 있었다.					

노력					
10. 모든 팀 원들은 이번 일을 열심히 하였다.					
11. 모든 팀 원들은 이번 일에 매우 헌신적이었다.					
12. 팀 멤버는 이번에 주어진 일을 성취하기 위해 노력을 하였다.					

적당한 전략					
13. 팀은 일을 효율적으로 하기 위해 적절한 전략을 가지고 있었다.					
14. 우리는 이번 일을 주의 깊게 계획하고 실행하였다.					
15. 우리는 이번에 주어진 일을 잘 하고 있는지 각자의 일을 정기적 검토 하였다.					

2. 종합설계 강의 지침

공학설계에서 팀워크를 구현하기 위한 강의 지침을 위해 교수를 위한 강의계획서 및 각종 평가 양식과 학생을 위한 과제 수행계획서, 과제 중간보고서, 과제최종보고서 양식 등을 제시하였다. 제시된 양식은 과목이나 담당 교수에 따라 적절히 수정하여 사용하면 될 것이다.

1) 강의계획서

(1) 수업 목적

주 목적은 사회에서 접하게 될 팀 경험을 미리 체험하기 위한 것이며, 또한 기타 다양한 목적들을 포함하고 있다.

① 실제 산업 현장에서 공학적 지식과 공학설계 프로세스를 효율적으로 적용할 수 있는 준비를 하게 한다.

② 구두 및 서면보고 능력을 향상시킨다.

③ 다른 과목에서 체득한 지식을 적용할 수 있는 능력을 향상시킨다.

(2) 준수 사항

팀은 팀장을 포함한 5명 이내의 팀원으로 구성된다. 각 팀은 관련된 공학시스템과 분석 기술 등을 이용하여, 문제에 대한 해결

책을 개발·제시하여야 한다.

① 과제 수행계획서 : 수업계획(schedule)에 따라 자세한 서면 보고서를 제출하고 프레젠테이션을 하여야 한다.

② 과제 중간보고서 : 수업계획(schedule)에 따라 작성된 보고서를 제출하고 중간 프레젠테이션을 하여야 한다.

③ 과제 최종보고서 : 수업계획(schedule)에 따라 작성된 보고서를 제출하고 최종 프레젠테이션을 하여야 한다.

④ 프레젠테이션 : 프레젠테이션 전 무작위로 선정된 1명의 팀원이 구두 발표를 한다. 최초, 중간, 최종의 3번의 프레젠테이션이 있다.

⑤ 공학설계 일지 : 각 팀은 팀 미팅, 현장 방문, 담당교수 면담 등의 자세한 일지를 작성하여야 한다. 일지에는 팀원들의 출석, 논의 사항(주제), 정보 수집 및 분석 등의 내용을 포함하여야 한다.

⑥ 팀 동료에 의한 평가 : 각 팀의 개개인은 소속 팀원들의 평가를 제출하여야 한다. 담당교수는 이 평가를 바탕으로 개개인의 점수 산정에 이용한다. 1명 혹은 그 이상의 팀원이 프로젝트 수행에 있어서 자신의 역할을 적절하게 수행하지 못하였을 경우에는 모든 팀원들은 같은 점수를 얻을 수 없다.

(3) 프로젝트 요구 사항

프로젝트는 반드시 합리적인 도전을 위해 복합적이어야 한다. 그러나 주어진 프로젝트 기간 동안 충분한 할당량이라고 판단될 시 간단한 주제도 가능하다. 프로젝트를 통해 의미 있는 결과물이 나와야 한다.

(4) 학생 행동

각 팀은 출석, 복장, 안전 규정 그리고 기타 사항 등의 프로젝트 스폰서에서 요구하는 사항을 스스로 준수하여야 한다. 프로젝트 스폰서와 각 팀은 엔지니어링 컨설턴트의 관계이다. 학생들은 관계에 맞게 적절하게 행동해야 한다. 모든 학생은 현장에서 수집한 정보와 스폰서로부터 제공 받은 모든 데이터를 적절하게 다루어야 한다.

(5) 팀 직무

모든 팀원들은 동일한 노력을 기울여야 한다. 프로젝트에 참여가 부족한 팀원은 담당 교수에게 보고해야 한다. 이러한 상황에 대해 해당 팀원은 낙제 혹은 낮은 점수를 받게 된다.

(6) 점수

점수의 산정에 있어 출석과 프레젠테이션이 포함된다.

과제 수행계획서 & 프레젠테이션	20%
과제 중간보고서 & 프레젠테이션	30%
과제 최종보고서 & 프레젠테이션	50%

2) 과제 수행계획서

(1) 보고서

10 쪽 이내의 분량으로 제한함. 아래 개요는 제목과 주제 등 보고서 작성 시의 포함하여야 할 사항을 제시한 것이다.

📄 개요

◎ 요약 (1페이지 이하)

◎ 조직의 소개

◎ 프로젝트의 개요
　　○ 문제의 증상, 원인, 예상 결과 등

◎ 예상 결론 접근
　　○ 정보 수집 및 분석
　　○ 문제 해결 방법 및 활동
　　○ 팀 업무 분담 및 책임

◎ 프로젝트 실현을 위한 자료

   ○ 소프트웨어, 보고서, 데이터 요약, 실행 계획 등

◎ 프로젝트 계획표

(2) 구두 발표

각 팀의 구두 발표는 10분을 초과할 수 없다. 파워포인트 파일은 사전에 제출하여야 한다. 팀의 프레젠테이션 전에 발표자로서 무작위로 선정된 팀원 중 1인이 선정될 것이다. 프레젠테이션 후 질문은 청중(교수 및 타 학생)에 의해 실시된다. 모든 팀원들이 질문에 대한 답변에 참여하여야 한다.

(3) 제출

보고서와 파워포인트 파일은 00월 00일까지 제출되어야 한다.

3) 과제 중간보고서 양식

(1) 보고서

보고서의 분량은 30페이지로 제한한다. 아래는 제목과 주제 등 보고서 작성 시 개요를 제시한 것이다.

 개요

◎ 요약 (1페이지 이하)

◎ 목차

◎ 조직의 소개

◎ 프로젝트의 개요
  ○ 문제의 증상, 원인, 예상(목표)결과, 영향 등

◎ 해결방안 접근방법, 중간결과
  ○ 정보 수집, 분석, 요약, 모델링 등
  ○ 팀(개인별) 업무 분담 및 책임, 외부 인사들과의 상호 협력

◎ 프로젝트 실현을 위한 자료
  ○ 소프트웨어, 보고서, 데이터 요약, 실행 계획 등

◎ 프로젝트 계획표

(2) 구두 발표

보고서의 구두 발표 시간은 10분을 초과할 수 없다. 파워포인트 파일은 사전에 제출하여야 한다. 팀의 프레젠테이션 전에 발표자로서 무작위로 선정된 팀원 중 1인이 선정될 것이다. 프레젠테이션 후 질문은 청중(교수 및 타 학생)에 의해 실시된다. 모든 팀원들이 질문에 대한 답변에 참여해야 한다.

(3) 제출

보고서와 파워포인트 파일은 00월 00일까지 제출되어야 한다.

4) 과제 최종보고서

(1) 보고서

보고서의 분량은 100페이지 이내로 제한한다. 아래는 제목과 주제 등 보고서 작성 시의 개요를 제시한 것이다.

📄 개요

◎ 요약 (1페이지 이하)

◎ 목차

◎ 조직 소개

◎ 프로젝트 개요
    ○ 문제의 증상, 원인, 예상 결과 등

◎ 해결방안 접근방법, 결과

◎ 프로젝트 전체 결론
    ○ 소프트웨어, 보고서, 데이터 요약, 실행 계획

　　○ 전반적 결론 언급

　　　어떤 것이 해결 방안으로 제시되었는가?

　　　어떻게 실행될 것인가?

　　　기대되는 영향은 무엇인가?

　　　얼마나 성공적으로 프로젝트를 수행하였는가?

◎ 부록

(2) 구두 발표

　최종 보고서 구두 발표는 15분을 초과할 수 없다. 파워포인트 파일은 사전에 제출하여야 한다. 팀의 프레젠테이션 전에 발표자로서 무작위로 선정된 팀원 중 1인이 선정될 것이다. 프레젠테이션 후 질문은 청중(교수 및 타 학생)에 의해 실시된다. 모든 팀원들이 질문에 대한 답변에 참여하여야 한다.

(3) 제출

　보고서와 파워포인트 파일은 00월 00일까지 제출되어야 한다.

5) 구두 평가 양식

　발표를 통해 학생들이 자신의 아이디어와 능력을 얼마나 잘 나타내었는지를 아래의 표에 기입하도록 한다.

팀 명	평가 항목	못함	보통	잘함
	디자인 (읽기가 쉬운가? 보기에 좋은가? 등)			
	내용 (소개, 목적, Key Point 요약 등)			
	구술 (속도, 제스처, 시선, 시간 등)			
	디자인 (읽기가 쉬운가? 보기에 좋은가? 등)			
	내용 (소개, 곡적, Key Point 요약 등)			
	구술 (속도, 제스처, 시선, 시간 등)			
	디자인 (읽기가 쉬운가? 보기에 좋은가? 등)			
	내용 (소개, 목적, Key Point 요약 등)			
	구술 (속도, 제스처, 시선, 시간 등)			
	디자인 (읽기가 쉬운가? 보기에 좋은가? 등)			
	내용 (소개, 목적, Key Point 요약 등)			
	구술 (속도, 제스처, 시선, 시간 등)			
	디자인 (읽기가 쉬운가? 보기에 좋은가? 등)			
	내용 (소개, 목적, Key Point 요약 등)			
	구술 (속도, 제스처, 시선, 시간 등)			
	디자인 (읽기가 쉬운가? 보기에 좋은가? 등)			
	내용 (소개, 목적, Key Point 요약 등)			
	구술 (속도, 제스처, 시선, 시간 등)			
	디자인 (읽기가 쉬운가? 보기에 좋은가? 등)			
	내용 (소개, 목적, Key Point 요약 등)			
	구술 (속도, 제스처, 시선, 시간 등)			

6) 서면 보고서 평가 양식

팀 명 :

프로젝트 명 :

작성된 보고서를 통해 학생들이 얼마나 효율적으로 자신의 기술적 아이디어를 잘 제시하였는지를 아래의 표를 이용하여 나타내시오.

평가	매우 못함	약간 못함	약간 잘함	매우 잘함
표현				
1) 적절한 포맷(제목, 요약, 표, 도입부, 결론 등)				
2) 시각적 측면(표, 그림, 흐름도 등)				
3) 주석의 적절한 사용				
내용				
1) 배경 정보의 내포				
2) 문제의 인식 및 체계화				
3) 목표의 언급				
4) 기대된 결과의 논의 여부				
5) 프로젝트의 적절한 정의				
6) Work-Plan의 서술				
7) 경험적 방법, 절차 및 정보수집 등의 이용 및 묘사 여부				
언어				
1) 대응되는 섹션에 대한 제목의 충분한 표현				
2) 그래프들의 명확한 주제 내포				

7) 팀원들에 의한 상호 평가 양식

이번 과제의 점수를 얻기 위해 이 양식들의 빈칸을 모두 기입해 주세요. 기입 후 0000. 00. 00 까지 담당 교수에게 제출해 주시기 바랍니다.

성 명 :

Team 명 :

서 명 :

아래의 표는 **자신을 포함한** 각 팀원들의 과제에 관한 공헌도 평가표입니다. 과제의 시작 단계부터 지금까지의 각 구성원의 공헌도를 아래 표의 척도를 이용하여 나타내 주세요.

1	2	3	4	5
매우 불만족	약간 불만족	평균	약간 만족	매우 만족

범주 :

① 전반적 평가 : 프로젝트에 있어 구성원 각각의 공헌

② 노력 : 팀원 각각에게 할당된 작업량을 공평하게 수행하였는가?

③ 구두 발표 및 보고서 : 발표 및 보고서 작성 시 팀원이 중요

한 공헌을 하였는가?

④ 팀워크 : 팀 미팅의 참석, 논의의 참여, 팀원 간의 협동 등을
잘 하였는가?

⑤ 리더십 : 논의의 주도, 아이디어의 창출, 조직에 도움 등을
주었는가?

팀원	전반적 평가	노력	구두 발표 및 보고서	팀워크	리더십

팀원들에 관한 기타 의견 :

8) 중간보고서 평가 양식

교수 :

중간 프레젠테이션은 최종 점수의 00%의 비중이며, 중간보고서
는 00% 이다.

팀　명 :

팀　원 :

발표자 :

프레젠테이션 점수 (A, B, C, D or F) :

보고서 점수 (A, B, C, D or F) :

기타 의견(논평) :

▌ 참고문헌 ▌ 공학교육을 위한 팀워크 guidebook

김영채(1999). 창의적 문제해결: 창의력의 이론, 개발과 수업. 서울: 교육과학사.
김정섭, 강승희, 강순희(2003). 동화를 통한 창의성 교육. 서울: 서현사.
이성호(1999). 교수방법론. 서울: 학지사.

Alderfer, C. P. (1977). Group and intergroup relations. In J. R. Hackman & J. L. Suttle (Eds.), Improving Life at Work(pp. 227-296). Palisades, CA: Goodyear.

Aronson, E., N. Blaney, C. Stephan, J. Sikes, and M. Snapp(1978). The jigsaw classroom. Beverly Hills, CA. Sage.

Duffy, T. M., & Cunningham, D. J. (1996). Constructivism: Implications for the design and delivery of instruction. In D. H. Jonassen (Ed.), Handbook of research on educational communications and technology. New York: Scholastic.

Hackman, J. R. (1990). Introduction: Work teams in organizations: An oriented framework. In J. Hackman(Ed.), Groups That Work and Those That Don't. San Francisco, CA: Jossey-Bass.

Kagan, S. (1985). Dimensions of cooperative classroom structures. In R. Slavin S. Sharan, S. Kagan, R. Hertz Lazarowitz, C. Webb, and R. Schmuck(Eds.). Learning to cooperate, cooperating to learn. New York. Plenum.

Sharan, S., & Hertz-Lazarowitz, R. (1980). A group-investiagtion method of cooperative learning in the classroom. In Sharan, S., Hare, P., Webb, C.D. Hertz-Lazaowitz, R., (eds.) *Cooperation in Education*. Provo, Utah: Brigham University Press.

Slavin, R.(1990). Cooperative learning: Theory, research, and practice. New Jersey: Prentice Hall.

Slavin. R. (1980). Using student team learning. Baltimore. The Center for Social Organization of Schools. The Johns Hopkins University.

Sundstrom, E. D., DeMeuse, K. P., Futrell, D. (1990). Work Teams: Applications and effectiveness. American Psychologist, 45(2), 120-133.

저자약력

안용식
　　부경대학교 신소재공학부 교수
　　독일 슈트트가르트 대학교 재료공학과 공학박사

김수용
　　부경대학교 건설공학부 교수
　　KAIST 산업공학과 공학박사

문명준
　　부경대학교 응용화학공학부 교수
　　KAIST 화학과 이학박사

김영학
　　부경대학교 전기·제어계측공학부 교수
　　일본 동북대학교 전자공학과 공학박사

채영희
　　부경대학교 국어국문학부 교수
　　부산대학교 국어국문학과 문학박사

강승희
　　부경대학교 공학교육원 교수
　　부산대학교 교육학과 교육학박사

공학교육을 위한 팀워크 guidebook

초판인쇄 2007년 7월 3일 | 초판발행 2007년 7월 10일
공저 안용식 김수용 문명준 김영학 채영희 강승희
발행 제이앤씨 | **등록** 제7-220호

132-040
서울시 도봉구 창동 624-1 현대홈시티 102-1206
TEL (02)992-3253 | FAX (02)991-1285
e-mail, jncbook@hanmail.net | URL http://www.jncbook.co.kr

이 책은 한국공학교육인증원 부설 한국공학교육연구센터의 지원을 받아 출판되었음

ISBN 978-89-5668-520-5 93500 | 정 가 6,500원